動かしながら学ぶ

PyTorch プログラミング入門

斎藤勇哉 著

はじめに

人工知能（AI）は今、3度目のブームを迎えているといわれています。2015年、人工知能は画像認識の分野で人間の識別能力を凌駕する成績を収めました。また、将棋やチェスのチャンピオンに勝利し、2016年、人工知能はついに囲碁のチャンピオンにさえも勝利しました。それから人工知能は車の自動運転システムに組み込まれ、人の安全の守り、スマートフォンやPCにも組み込まれ、人間の声を認識し、さらには翻訳するということも成し遂げるようになりました。このように、人工知能の発展によって、これまではSF映画でしか見られなかった世界が、今ではごく身近なものとなりました。まさに、私たちの世界は変わりつつあります。

このような、人工知能の飛躍的発展の裏側では、「ディープラーニング（深層学習）」という技術が重要な役割を担っています。ディープラーニングが生まれた当初は、研究者や技術者の間でのみ使われていました。しかし今や、TensorflowやKeras、PyTorchなどのディープラーニングを実装するためのフレームワークが登場してからは、一般の人もディープラーニングを実装し、人工知能を「簡単に」つくることができるようになりました。

特に、PyTorchは近年人気が急上昇しているフレームワークで、最新の技術をPyTorchで実装して一般公開するといった流れがあり、PyTorchが扱えれば誰もが最新の技術を扱うことができるようになりました。

とはいっても、ディープラーニングを実装するにはプログラミング知識が必要です。さらにはディープラーニングに関する知識も必要となり、一般の人の誰もが容易に使用できるものではない、というのが現状です。また、「ディープラーニングには膨大な計算量が求められるのでハイスペックなPCが必要」と聞き、あきらめてしまう人も少なくないでしょう。

そこで本書は、PyTorchをテーマに、次のような読者を対象としてまとめました。

- **ディープラーニングの知識が全くないけれど、ディープラーニングに触れてみたい**
- **自分でもディープラーニングを使って何か作ってみたい**
- **ハイスペックなPCはないけれど、ディープラーニングを動かしたい**
- **そもそもディープラーニングを使って何ができるのかを知りたい**
- **ディープラーニングを使ってどんな「嬉しいこと」があるのかを知りたい**

PyTorchの基本的な事柄を中心に解説しているので、PyTorchを触ったことがなくても、本書を読むだけで自分の考えていることを実装できるようになります。

本書では現在、ディープラーニングでホットな分野である画像認識・株価予測・感情分析を通してPyTorchを学びます。

Chapter1では、PyTorchを使うための準備について書かれています。ここでは、自身のPCで準備する方法も書かれていますが、ハイスペックなPCを持っていない人のために、無料でGPU付きのハイスペックなPCと同等な機能を使うことができる方法についても解説しています。Chapter2ではPyTorchの基礎について解説し、Chapter3ではニューラルネットワークの基礎という題で、PyTorchによるディープラーニングの基礎について解説しています。このChapter2とChapter3が理解できれば、以降の内容はほとんど理解でき、臨機応変に自由にPyTorchを扱うことができるようになります。Chapter4以降では、実際にPyTorchを使って様々な課題に取り組みます。

なお、学習のためのサンプル・コードを用意しています。以下のリポジトリにアップされていますので、ダウンロードしてお使いください。

https://github.com/Hexans/pytorchbook_samplecode

上記の内容を経て、「PyTorchを使ってディープラーニングを自分でも実装できる!」「ディープラーニングを使って何か作るのは楽しい!」と感じていただき、ディープラーニングに対する苦手意識や、無意識にかけていた「リミット」が解除されるきっかけになれば幸いです。さらには、本書で学んだ知識や技術が、ご自身や世の中の人のために還元されることを祈っています。

2020年11月吉日

斎藤勇哉

■ contents

Chapter 1

スタートアップ

Chapter 2

PyTorchの基本

Chapter 3

ニューラルネットワークの基本

Chapter 4

畳み込みニューラルネットワーク
～画像分類プログラムを作る～

Chapter 5

再帰型ニューラルネットワーク(時系列データの予測) ～株価予測プログラムを作る～

Chapter 6

再帰型ニューラルネットワーク（テキストデータの分類）
～映画レビューの感情分析プログラムを作る～

スタートアップ

この章では、基礎知識から開発環境の設定など、PyTorchを使うための一連の流れを学んでいきます。

1 PyTorchについて

PyTorch(パイトーチ)は、Facebook社が提供するオープンソースであり、Pythonでディープラーニングコードを書くことを容易にするディープラーニングフレームワークです。PyTorchは、2つのものが組み合わされて作られています。

1つ目は、PyTorchの名前の由来にもなっているTorchです。Torchはプログラミング言語であるLua(ルア)をベースとしたニューラルネットワークライブラリで、その歴史は2002年に遡ります。

2つ目は、2015年に日本で作られたChainerです。Chainerは、Preferred Networks社で作られたニューラルネットワークライブラリの1つで、動的グラフを採用しています。これにより、ネットワークの作成や学習がしやすくなりました。このようにPyTorchは、TorchにChainerのアイデアを組み合わせて作られ、近年人気のDeep Learningフレームワークとなっています。

PyTorchには、テキスト、画像、音声操作を支援するモジュールや、ResNetのような有名なニューラルネットワークもライブラリに含まれています。また、Twitter社、Salesforce社、Uber社、NVIDIA社のような企業に取り入られており、ディープラーニング界に急速に浸透しています。

2 開発環境の構築について

本章では、PyTorchの学習を始める前に、まずはPyTorchの開発環境を整える方法として、自身のPCを使用する場合とGoogle Colaboratoryを用いる方法の2パターンについて解説します。のちほど、「**2.2 Google Colaboratoryを使用する場合**」で、Google Colaboratoryの使い方について解説しますが、その際には「Section1-2.ipynb」を使用します。「Section1-2.ipynb」に記載してあるソースコードは、Google Colaboratory上でのみ動作します。

学習目標

- **PyTorchの開発環境**
- **PyTorchのインストール**
- **Google Colaboratoryの使い方**

使用ファイル

Section1-2.ipynb # Google Colaboratoryのみ使用可

近年、ディープラーニング（深層学習）の発展は目覚ましく、それに伴って演算量も膨大になってきました。そのため、大量な演算ができるほどのPCスペックが、ディープラーニングを実装する上で必要となるケースが多いです。しかし、それ相応のPCスペックを個人で購入するには高額ですし、計算の要となる**GPU**（Graphics Processing Unit）の環境構築も初心者には困難です。こういった問題から、ディープラーニングをあきらめてしまう人は少なくありません。

Googleはそのような人たちのために、Google Colaboratoryを提供しています。Google Colaboratoryは、ブラウザとインターネットさえあれば誰にでもディープラーニングを実装することができるWebサービスです。ディープラーニングで必要な演算はGoogleの仮想マシンが担うため、自身が持っているPCスペックや環境に依存しません。こういった理由から、まずディープラーニングを学習したいという方は、Google Colaboratoryを使って本書を読み進めていただくのがおすすめです。本書ではすぐにディープラーニングが実装できるように、Google Colaboratory用のプログラミングコードを用意しています。

2.1 自身のPCを使用する場合

自身のPCでPyTorchを使う場合の開発環境を説明します。

▶PCスペック

本書では、Ubuntu（ウブントゥ） 18.04で動作検証をしています。

PyTorchを使ったディープラーニングの実装は、Windows、Mac、Linuxの、どのOSでも可能ですが、これらOSの中でもLinuxは機械学習や深層学習の環境構築をする上で問題が少ないため、おすすめです。さらに、Linuxの中でもUbuntuはユーザーフレンドリーな作りで、日本語での説明やフォーラムも充実しています。また、PyTorchに限らず、機械学習や深層学習を実装するにあたり問題が少なくユーザーも多いため、Web上にはUbuntuを用いた機械学習／深層学習のサンプルがたくさん掲載されており、参考になります。そのため、初心者にはUbuntuを使うことをおすすめします。

本書の検証で使用したPCのスペックは、以下のとおりです。

・OS：Ubuntu 18.04
・CPU：Intel(R) Core(TM) i7-8750H CPU @ 2.20GHz
・RAM：8GB

・Storage：60GB
・GPU：なし

▶PyTorchのインストール

まずは、PyTorchのインストールからです。WebブラウザでPyTorchのホームページ（https://pytorch.org/）を開きましょう（図1-1）。INSTALL PYTORCHから、自身のPC環境にあった項目を選択します。「PyTorch Build」は**Stable**を、「Language」は**PyThon**を選択してください。GPUを使用する場合には、CUDAのバージョンまで指定をします。

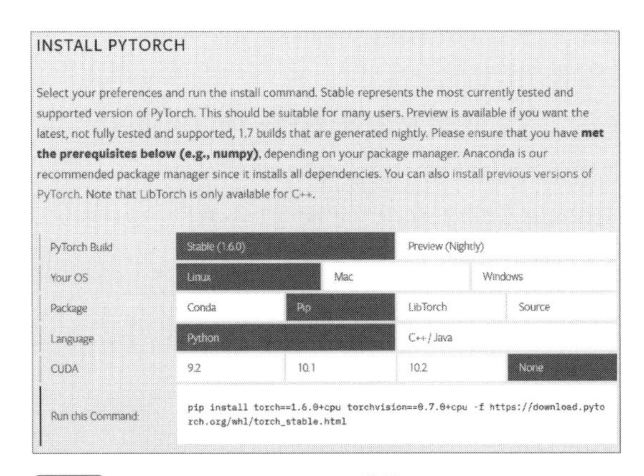

図1-1 **PyTorchのインストール準備**

「PyTorch Build」では、PyTorchのバージョンを指定します。Preview（Nightly）は最新版で、いわゆるベータ版です。一方、Stableは動作検証がすでにされているバージョンですので、基本的には、**Stable**を指定しておけばよいです。

「Your OS」では、自身のPCでお使いのOSを指定してください。

「Package」はPyTorchのパッケージをどこからインストールするのかを指定してください。Pythonユーザーの場合、CondaかPipのいずれかを使用することになります。AnacondaでPython環境を整えている方はCondaを、それ以外の方はPipを指定してください。

「Language」はPyTorchを実装する上で用いるプログラミング言語を指定してください。本書ではPythonをベースとしてPyTorchを実装するため、**Python**を指定してください。

「CUDA」は、NVIDIA社のGPUを使用する際に必要なGPU 用のプラットフォームです。お使いのGPU環境に合わせてCUDAのバージョンを指定してください。GPUを用いない場合にはnoneを指定します。

各項目を選択し終えると、「Run this Command: 」にPyTorchをインストールするためのコードが生成されます。このコードをコピーし、端末（ターミナル）に貼り付けます。

Chapter 1

In:

```
$ pip install torch==1.6.0+cpu torchvision==0.7.0+cpu -f https://download.pytorch.org/whl/torch_stable.html
Looking in links: https://download.pytorch.org/whl/torch_stable.html
Collecting torch==1.6.0+cpu
  Downloading https://download.pytorch.org/whl/cpu/torch-1.6.0%2Bcpu-cp36-cp36m-linux_x86_64.whl (154.6MB)
     |████████████████████████████████| 154.6MB 79kB/s
Collecting torchvision==0.7.0+cpu
  Downloading https://download.pytorch.org/whl/cpu/torchvision-0.7.0%2Bcpu-cp36-cp36m-linux_x86_64.whl (5.1MB)
     |████████████████████████████████| 5.1MB 55.5MB/s
Requirement already satisfied: numpy in /usr/local/lib/python3.6/dist-packages (from torch==1.6.0+cpu) (1.18.5)
Requirement already satisfied: future in /usr/local/lib/python3.6/dist-packages (from torch==1.6.0+cpu) (0.16.0)
Requirement already satisfied: pillow>=4.1.1 in /usr/local/lib/python3.6/dist-packages (from torchvision==0.7.0+cpu) (7.0.0)
Installing collected packages: torch, torchvision
  Found existing installation: torch 1.6.0+cu101
    Uninstalling torch-1.6.0+cu101:
      Successfully uninstalled torch-1.6.0+cu101
  Found existing installation: torchvision 0.7.0+cu101
    Uninstalling torchvision-0.7.0+cu101:
      Successfully uninstalled torchvision-0.7.0+cu101
Successfully installed torch-1.6.0+cpu torchvision-0.7.0+cp
```

では、PyTorchがインストールできたかを確認してみましょう。
import torchを実行して、エラーが出なければ成功です。

Out:

```
$ python3
Python 3.6.9 (default, Nov  7 2019, 10:44:02)
[GCC 8.3.0] on linux
Type "help", "copyright", "credits" or "license" for more information.
>>> import torch
>>> torch.__version__
'1.6.0+cpu'
```

これで環境の設定は終了です。

2.2 Google Colaboratoryを使用する場合

Google Colaboratoryは、Googleが提供しているWebサービスで、自身のPCでの設定が不要なJupyter Notebook環境です。

Jupyter Notebookはブラウザ上で動作し、Notebookと呼ばれるファイルにプログラムのソースコードや内容に関するコメント、さらには実行した結果を管理するデータ分析ツールです。Notebookは他者と共有することもでき、企業や研究開発の場でよく用いられています。Notebookに記載されているプログラムはクラウド上で実行されるため、自身が使用しているPCのスペックや環境を気にする必要がありません。特に、ハイスペックなGPUを無料で使用できる点が魅力です。

本書では、Google Driveを経由して設定する方法を説明します*。

▶PCスペック

執筆時点（2020年10月時点）でのGoogle Colaboratoryで使用できるPCスペックは、次のとおりです。

- OS：Ubuntu 18.04
- CPU：Intel(R) Xeon(R) CPU @ 2.20GHz
- RAM：13GB
- Storage：40GB（GPUなし）、360GB（GPUあり）
- GPU：NVIDIA Tesla K80

▶利用制限

Google Colaboratoryは無料で利用することができますが、次のような利用制限があります。

- **連続して12時間利用可能だが、12時間が経過するとシャットダウンされる**
- **90分間アクセスがない場合は、シャットダウンされる**
- **シャットダウンされると初期化されるため、データも消去されてしまう**

このように、Google Colaboratory上で構築したPC環境や作成したデータは、一度シャットダウンされると消えてしまいます。そのため、残しておきたいデータは、Google Colaboratoryからデータをダウンロードして、自身のPCに保存する必要があります。詳しい方法は、のちほど解説する「ファイルのダウンロード」をご覧ください。

＊ Google Colaboratoryのページから本書のソースコードを実行することができますが、ソースコードの管理をしたり、生成したファイルを保存するためにも、Google Driveを経由する方法を覚えておくとよいでしょう。

▶サンプルコードの使用方法

本書で用いるソースコードの取得方法およびGoogle Colaboratoryでの使用方法について説明します。

まず初めに、本書のソースコードが保存されているリポジトリ（https://github.com/Hexans/pytorchbook_samplecode）にアクセスします。

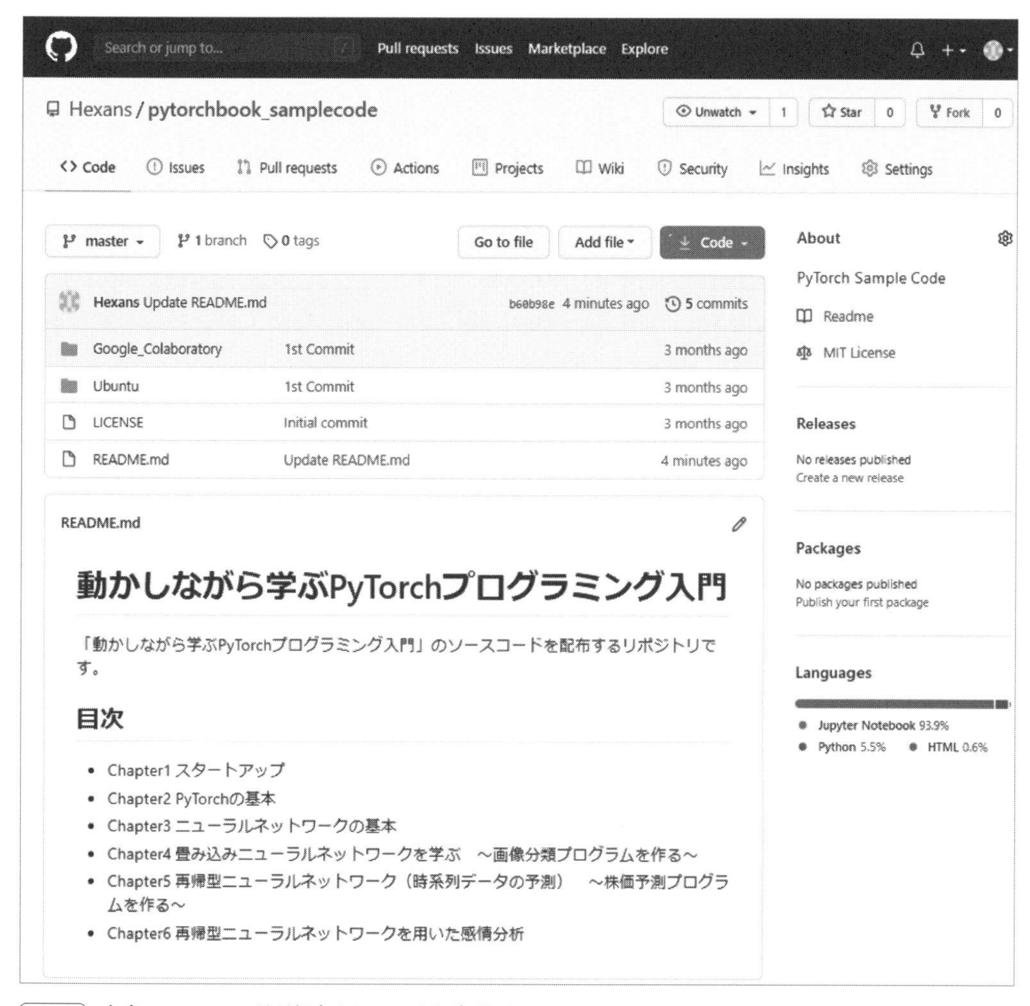

図1-2 本書のソースコードが保存されているリポジトリ

次に、緑色の「Code」ボタンを押して「Download ZIP」を選択することで、ソースコードをダウンロードできます。この時ダウンロードしたソースコードは、「pytorchbook_samplecode-master.zip」といった形でZIP形式で圧縮された状態で保存されます。

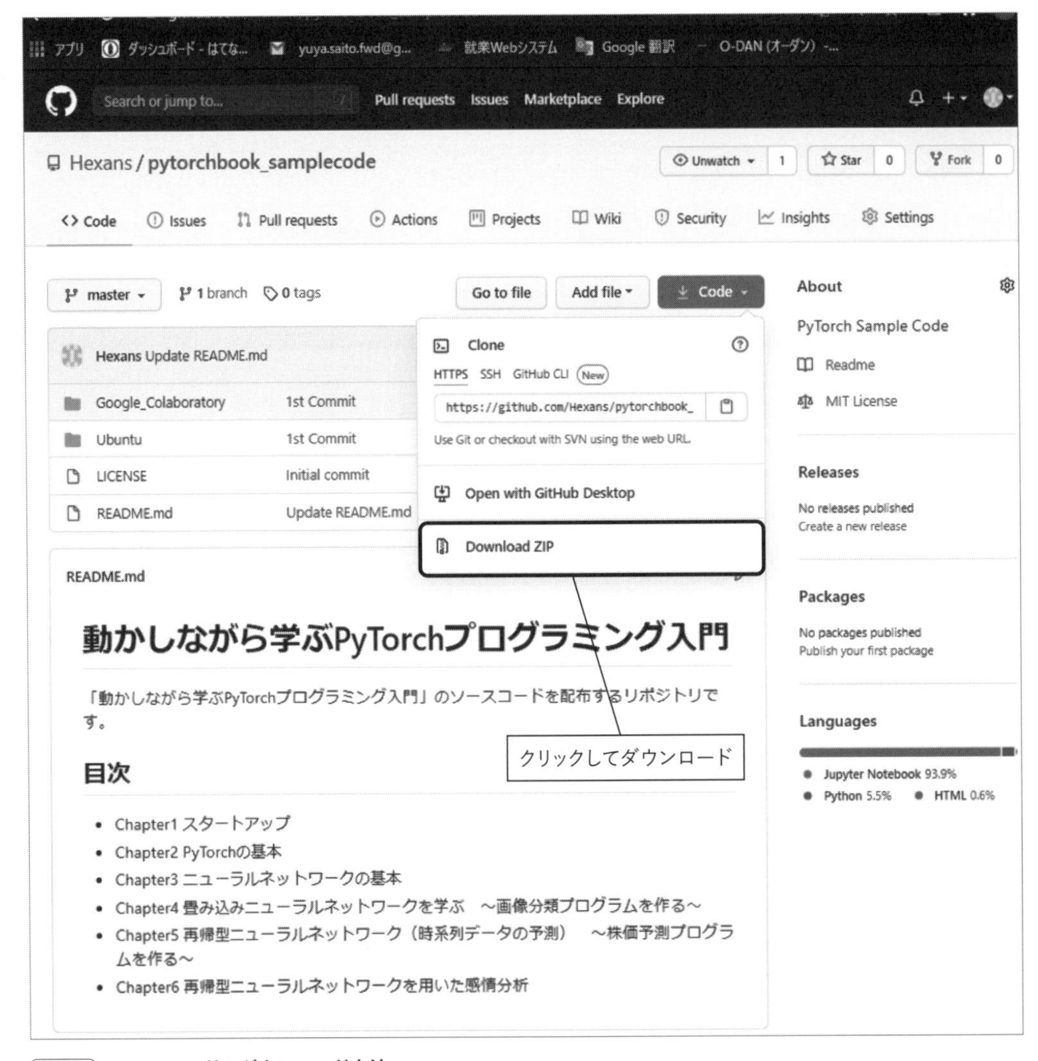

図1-3 **ソースコードのダウンロード方法**

pytorchbook_samplecode-master.zipを解凍して「pytorchbook_samplecode-master」フォルダの中身を確認すると、次のようなファイルが格納されています。Google Colaboratoryを使って本書を進めていく場合は、「Google_Colaboratory」内のソースコードを使用します。参考のために、筆者がUbuntu18.04のOSを搭載したPCで動作検証した際のソースコードを「Ubuntu」フォルダに保存しています。

```
pytorchbook_samplecode-master
├── Google_Colaboratory
│    ├── Chapter1  # スタートアップ(Google Colaboratoryの使い方)
│    ├── Chapter2  # PyTorchの基本
│    ├── Chapter3  # ニューラルネットワークの基本
│    ├── Chapter4  # 畳み込みニューラルネットワーク　～画像分類プログラムを作る～
│    ├── Chapter5  # 再帰型ニューラルネットワーク(時系列データの予測)　～株価予測プログラムを作る～
│    └── Chapter6  # 再帰型ニューラルネットワークを用いた感情分析
└── Ubuntu
     ├── Chapter2
     ├── Chapter3
     ├── Chapter4
     ├── Chapter5
     └── Chapter6
```

次に、Google Drive（https://www.google.co.jp/drive/apps.html）にアクセスし、pytorchbook_samplecode-masterフォルダ内の「Google_Colaboratory」をアップロードします（図1-4）。

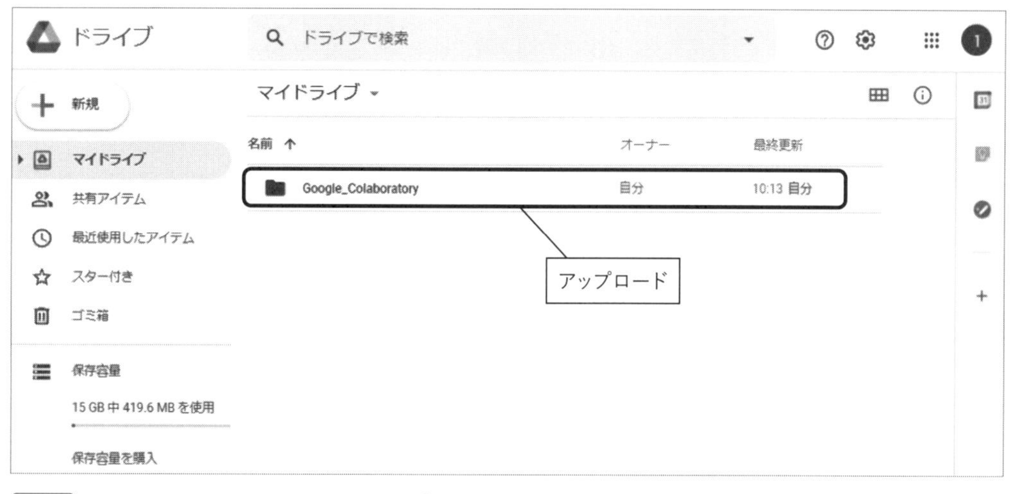

図1-4 Google Driveにソースコードをアップロード

Google Colaboratoryで実行したいソースコードを右クリックし、「アプリで開く」から「Google Colaboratory」を選択します（図1-5）。

図1-5 **ソースコードをGoogle Colaboratoryで実行する方法**

以上により、ソースコードがGoogle Colaboratory上で実行できるようになります（図1-6）。

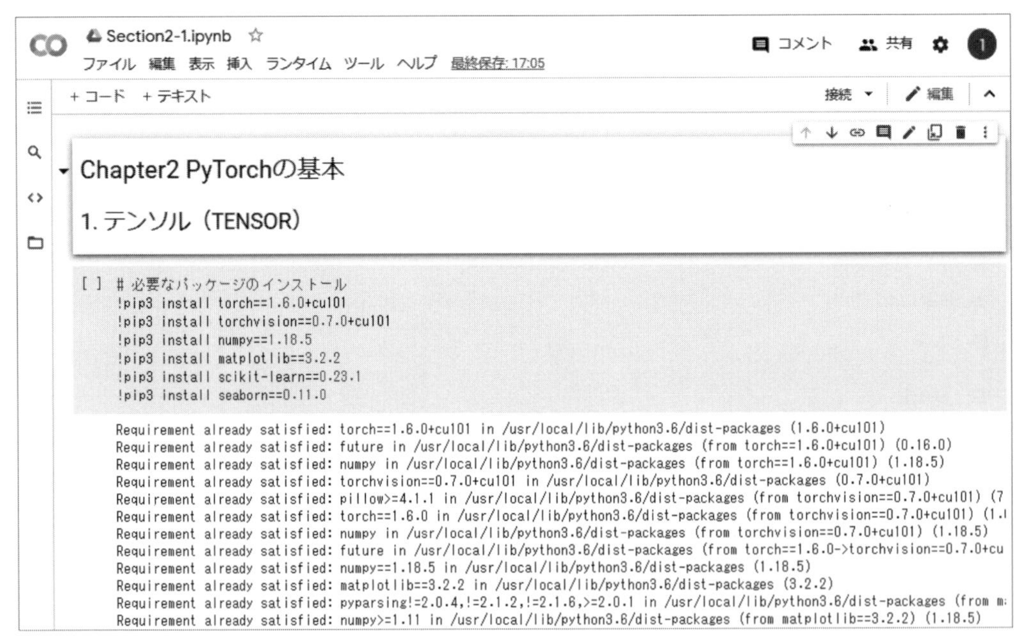

図1-6 **ソースコードをGoogle Colaboratoryで開いた時の画面**

▶Notebookの新規作成

まずはじめに、Googleアカウントへログインします(Googleアカウントをお持ちでない方は、アカウントを取得してください)。次にGoogle Driveを起動し、「**新規**」をクリックします(図1-7)。

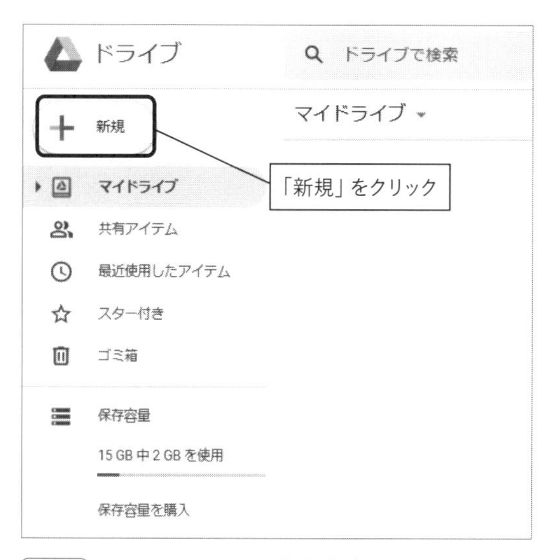

図1-7 **Google Driveでの新規作成**

新しくフォルダを作成するため、「フォルダ」をクリックします(図1-8)。

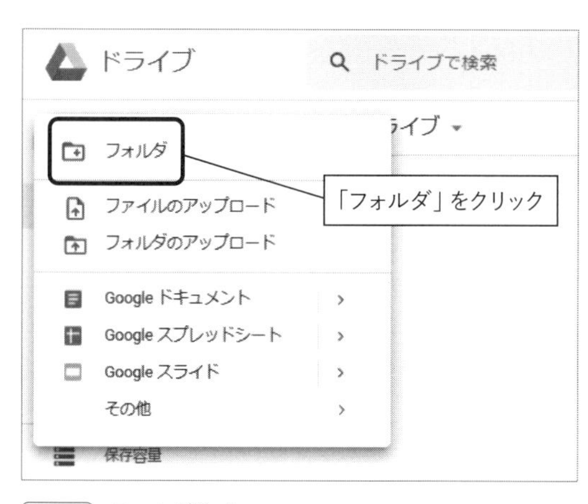

図1-8 **フォルダ作成**

フォルダ名を「Colaboratory Notebook」にし、**「作成」**をクリックします（図1-9）。

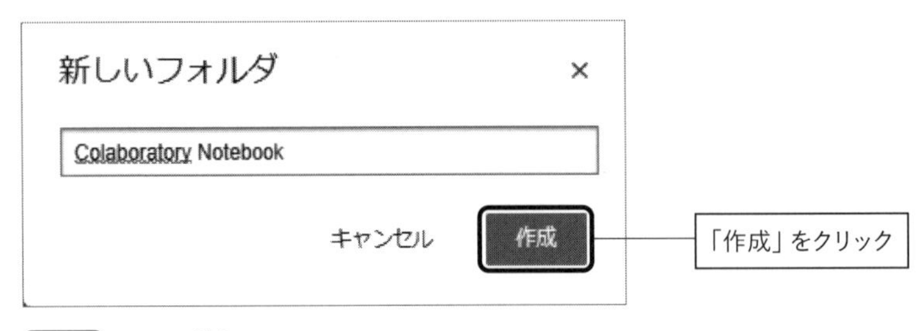

図1-9 **フォルダ名**

次に、マイドライブから**「Colaboratory Notebook」**をクリックし、「その他＞Google Colaboratory」を選択します（図1-10）。「その他」に「Google Colaboratory」がない場合は、「その他＞アプリを追加」からGoogle Colaboratoryを追加してください。

これでNotebookの新規作成は完了です。

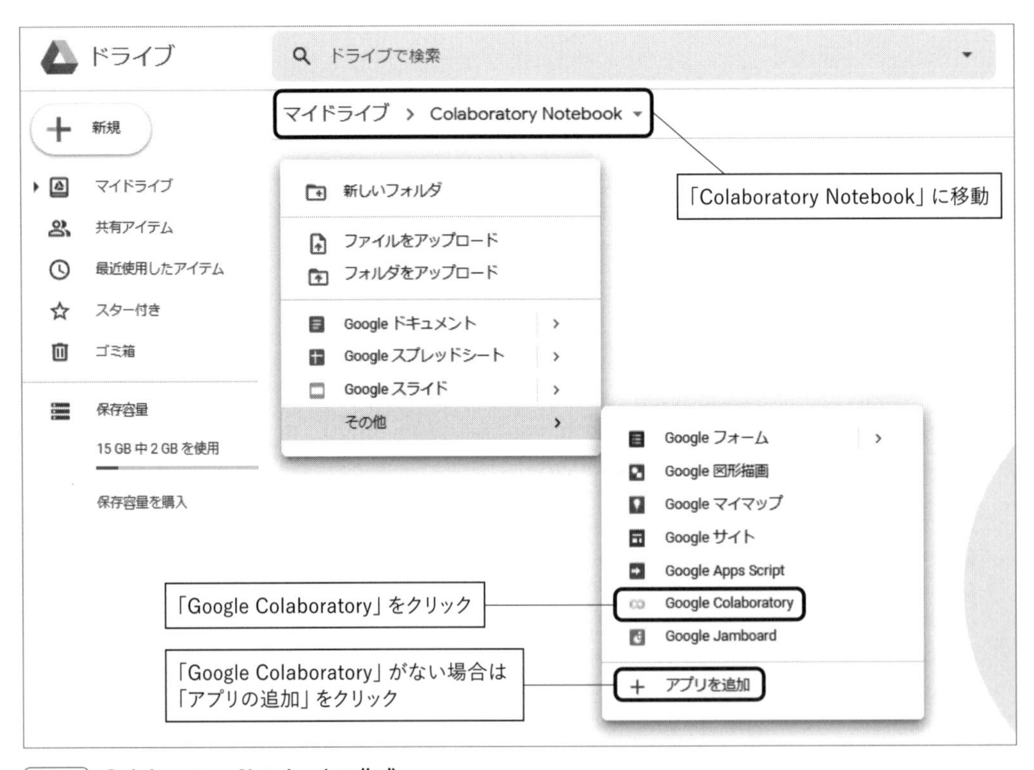

図1-10 **Colaboratory Notebookの作成**

Colaboratory Notebookを新規作成すると、Google Colaboratoryが自動的に起動します。コードセルにコマンドを打ち込み、実行ボタン（あるいは Ctrl + Enter ）を押すことで、コマンドを実行することができます（図1-11）。

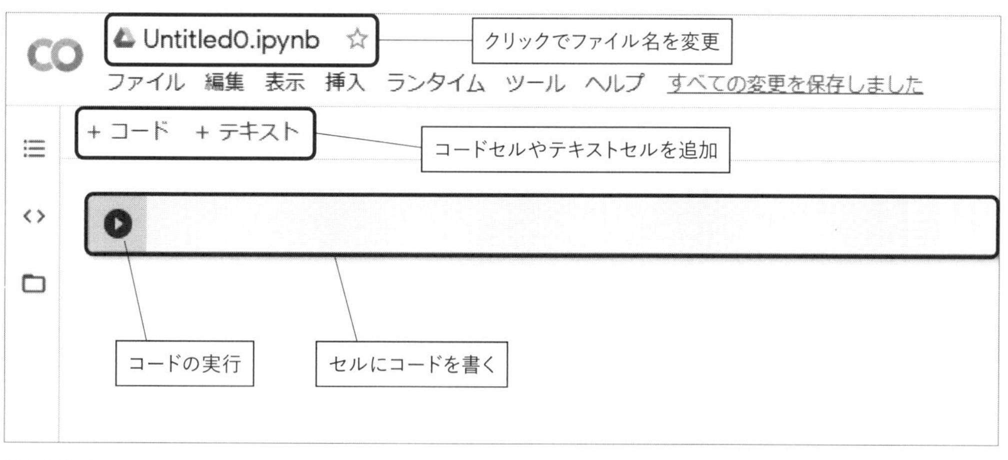

図1-11 **Colaboratory Notebookの画面**

▶ Notebookの開き方

NotebookをGoogle Colaboratoryで開きたいときは、Google Drive上にアップロードされているNotebookを右クリックして、「アプリで開く>Google Colaboratory」を選択します（図1-12）。

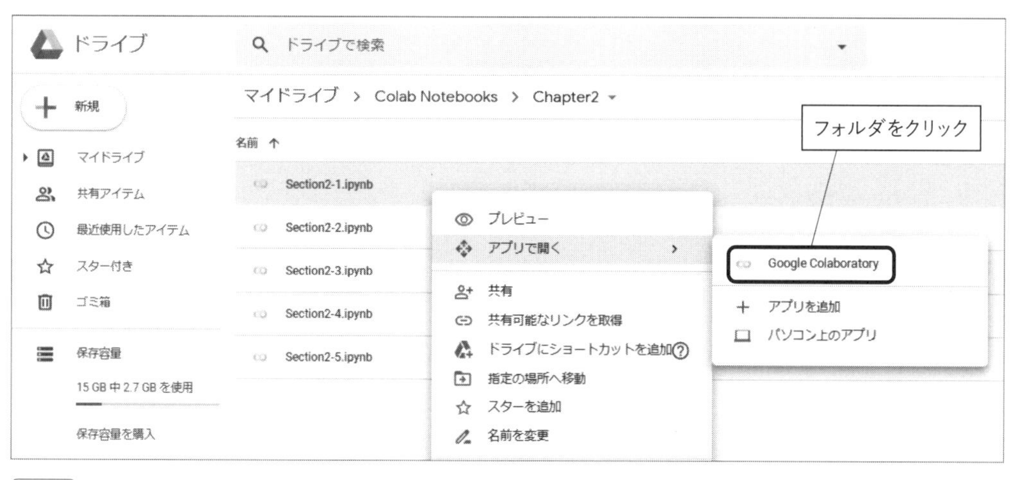

図1-12 **Notebookの開き方**

▶GPUの設定

Colaboratory Notebookの作成時には、GPUが有効になっていません。そのため、GPUを使用する場合には、コードを実行する前にGPUの設定を有効にする必要があります。

GPUを有効にするために、「ランタイム>ランタイムのタイプを変更」をクリックします（図1-13）。

図1-13 **GPUの設定①**

次に、ノートブックの設定で「ハードウェアアクセラレータ」から**GPU**を選択し、保存をクリックします（図1-14）。

これでGPUの設定は完了です。

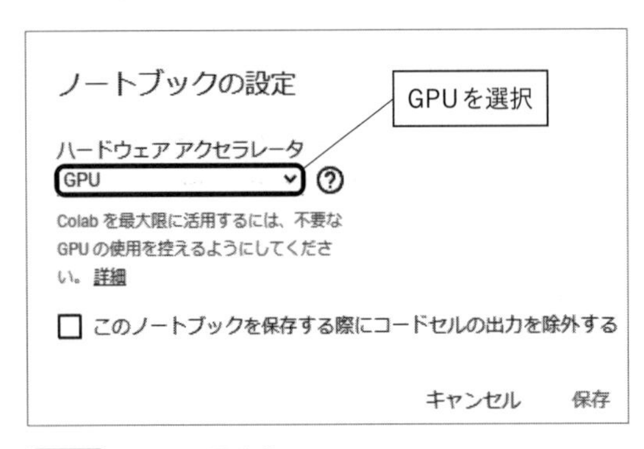

図1-14 **GPUの設定②**

Chapter 1

▶ PyTorchのインストール

では、pipを使ってPyTorchをインストールしましょう。

配布されている（まえがきかP.7のリポジトリURLを参照）Notebookの最初のセルにインストールすべきパッケージが記載されています。それを実行することで、PyTorchだけでなく、その他の計算や図示に必要なパッケージもインストールすることができます（図1-15）。

図1-15 **PyTorchのインストール**

▶ Google Colaboratoryの基本的な使い方

次に、Google Colaboratoryの基本的な使い方をいくつかご紹介します。

・シェルコマンド（Shell Command）の実行

Google Colaboratoryでは、コマンドの先頭に「!」をつけることで、シェルコマンドを実行することができます。

```
!<shell command>
```

図1-16では、例として、Linuxでよく使う基本的なコマンドをコードセルに打ち込み、実行（Ctrl+Enter）しています。

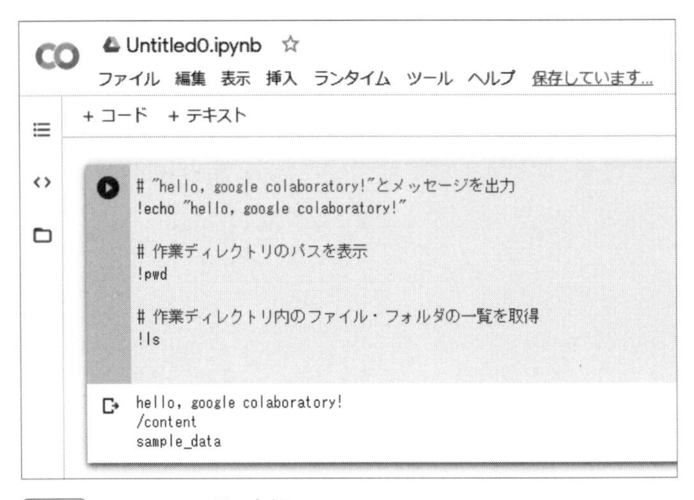

図1-16 **シェルコマンドの実行**

・ファイルのアップロード

Colaboratory Notebookを作成した時に作業ディレクトリに存在するのは、デフォルトで入っている「content」フォルダだけです。自身で用意したデータセットやスクリプトをGoogle Coraboratery で使用する場合には、自身のPCからGoogle Coraboratery へアップロードする必要があります。

たとえば、"hello, google colaboratory!"と記載されたtextファイル(file.txt)をアップロードしてみましょう。図1-17のように、`uploaded = files.upload()`を実行します。

次に、「ファイル選択」ボタンから「file.txt」選択します。そうすることで、ファイルをGoogle Coraboratery へアップロードすることができます。file.txtの存在を確認するには`!ls`を、file.txt に書いてある中身を確認するには`!cat file.txt`を実行します。

・ファイルのダウンロード

前述の「**利用制限**」で述べたように、Google Colaboratoryで作成されたファイルは、Google Colaboratoryが一度シャットダウンされた時点ですべて削除されてしまいます。そのため、得られた結果データが削除される前に、Google Colaboratoryから自身のPCにデータを保存する必要があります。

例として、「sample_data」フォルダ内の「README.md」を自身のPCにダウンロードして保存してみましょう。Google Colaboratoryから自身のPCにダウンロードするには、`files.download("ファイル名")`を実行します(図1-18)。

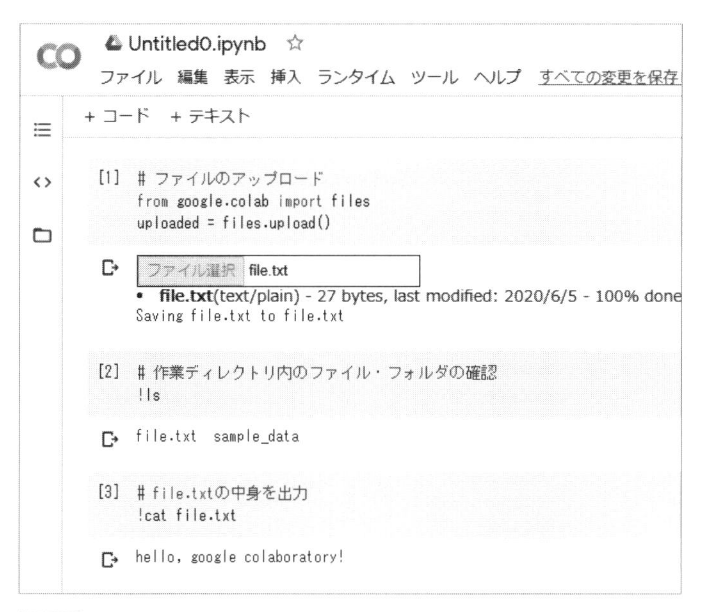

図1-17 **Google Coraboratery へのファイルのアップロード**

図1-18 **Google Colaboratory からファイルをダウンロード**

Google ColaboratoryからダウンロードしたREADME.mdファイルは、ダウンロードフォルダにダウンロードされます（図1-19）。

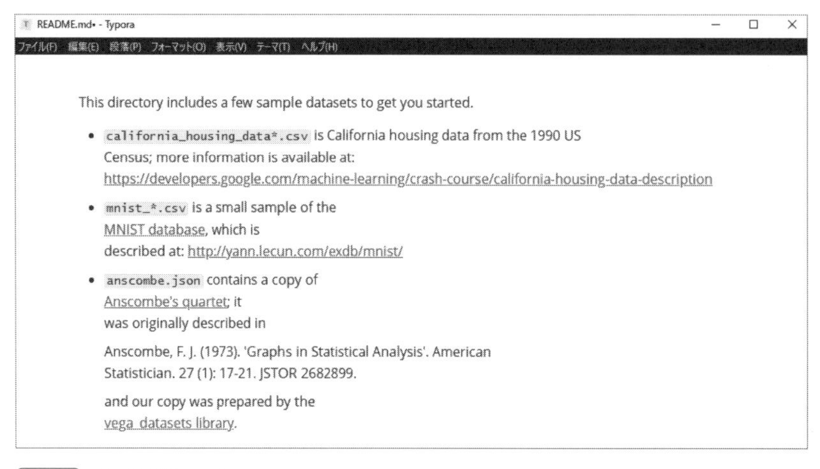

This directory includes a few sample datasets to get you started.

- `california_housing_data*.csv` is California housing data from the 1990 US Census; more information is available at: https://developers.google.com/machine-learning/crash-course/california-housing-data-description
- `mnist_*.csv` is a small sample of the MNIST database, which is described at: http://yann.lecun.com/exdb/mnist/
- `anscombe.json` contains a copy of Anscombe's quartet; it was originally described in

  Anscombe, F. J. (1973). 'Graphs in Statistical Analysis'. American Statistician. 27 (1): 17-21. JSTOR 2682899.

  and our copy was prepared by the vega_datasets library.

図1-19 **README.md**

・Google Driveのマウント

Google Driveをマウントすることによって、Google ColaboratoryからGoogle Drive内のフォルダにアクセスすることができるようになります。具体的には次のような利点があります。

- **Google Driveに必要なデータを保存しておけば、Google Colaboratoryにアップロードする必要がない**
- **Google Colaboratory上でプログラムを実行し、生成されたデータを直接Google Driveに保存することができる。そのため、コマンドを実行してデータをGoogle Colaboratoryから自身のPCへダウンロードする必要がない**

Google Colaboratory起動時の初期ディレクトリは、「/content」です。Google DriveをGoogle Colaboratoryの「/content/drive」にマウントします。Google Driveのマウントには、`drive.mount("マウント先")`を実行します。実行するとURLが表示されますので、URLをクリックして認証番号コードを取得します（図1-20）。

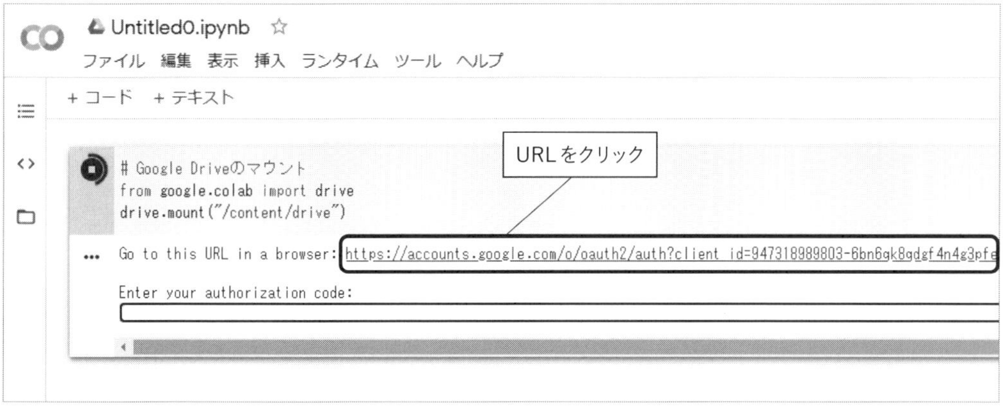

Untitled0.ipynb
ファイル　編集　表示　挿入　ランタイム　ツール　ヘルプ
＋コード　＋テキスト

```
# Google Driveのマウント
from google.colab import drive
drive.mount("/content/drive")
```

Go to this URL in a browser: https://accounts.google.com/o/oauth2/auth?client_id=947318989803-6bn6qk8qdgf4n4g3pfe

Enter your authorization code:

URLをクリック

図1-20　**Google Driveのマウント①**

Googleアカウントへのアクセスを要求されますので、「**許可**」をクリックします（図1-21）。

図1-21　**Google Driveのマウント②**

認証コードが表示されますので、認証コードをコピーします（図1-22）。

図1-22 **Google Driveのマウント③**

コピーした認証コードを「Enter your authorization code:」の空白セルにペーストし、Enterを押すことでGoogle Driveのマウントが完了します（図1-23）。

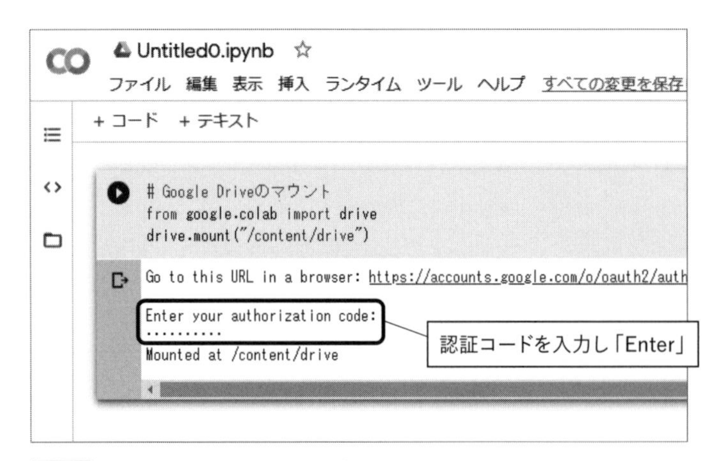

図1-23 **Google Driveのマウント④**

では、Google Driveがマウントできたかを確認してみましょう。

Google DriveがGoogle Colaboratoryの「/content/drive」に「My Drive」としてマウントされていることが分かりますね（図1-24）。

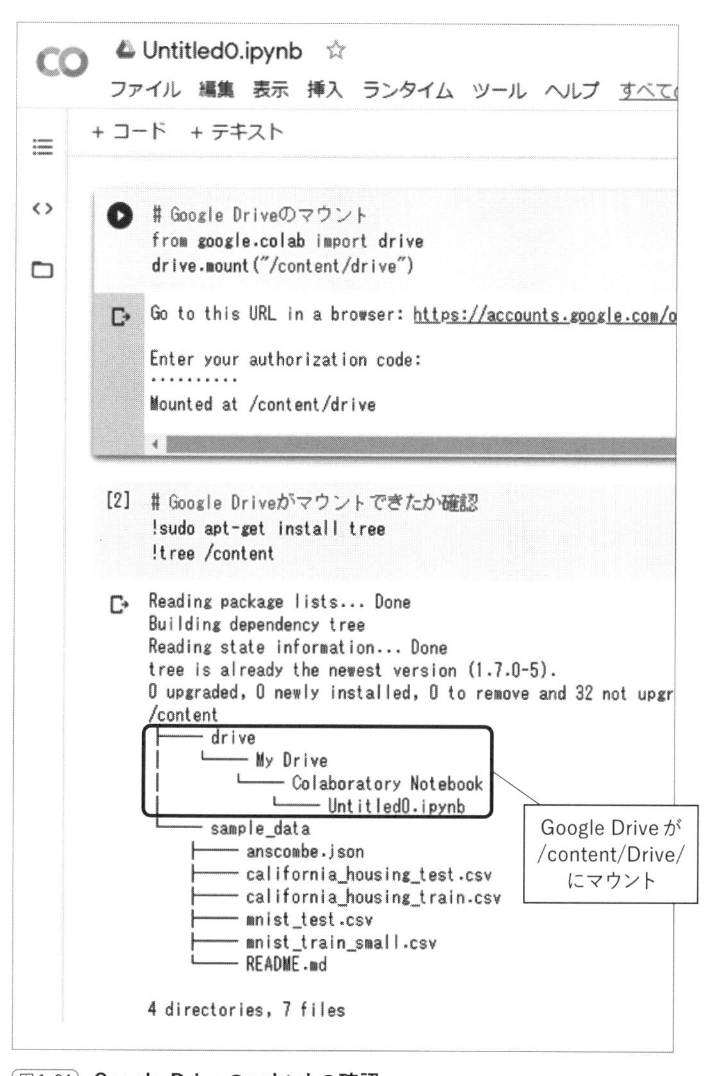

図1-24 **Google Driveのマウントの確認**

Chapter 1 まとめ　スタートアップ

☑ この章では、以下のことを学びました。

1 PyTorchについて

☐ PythonでDeep Learningコードを書くことを容易にする、Facebook社が開発したオープンソースのフレームワーク「PyTorch」の概要を学びました。

2 開発環境の構築について

☐ 自身のPCを使用する場合（Ubuntuを使用）、Webサービスを利用する場合（Google Colaboratoryを使用）の、開発環境の構築について学びました。

PyTorchの基本

本章では、PyTorchのTensorの基本的な扱い方について解説していきます。

PyTorchで扱う基本的なデータ構造はTensorです。PyTorchの機能を生かすためには、Tensorの扱いに慣れておく必要があります。

1 テンソル（Tensor）

学習目標

- Tensorの生成
- Tensorとndarrayの変換
- Tensorの操作
- Tensorを使った演算

使用ファイル

Section2-1.ipynb

テンソル（Tensor）とは、任意の多次元配列です。テンソルには階（ランク）があり、0階のテンソルをスカラーといい、個別の値を指します。1階のテンソルはベクトルといい、スカラーを1列に並べた1次元配列に相当します。2階のテンソルはスカラーを縦横に並べた行列であり、2次元配列になります。さらに3階のテンソルとなれば、2次元配列の行列をいくつも並べた3次元配列となります。PyTorchの基本的なデータ構造はこのテンソルであり、一般的なテンソルと区別するために、PyTorchのテンソルは「Tensor」と英語表記されます。

PyTorchには、このようなテンソルを扱うために、`torch.Tensor`関数があります。`torch.Tensor`を使うことでTensorを生成することができます。生成したTensorには配列の値だけでなく、Tensorの形状やデータ型などの情報が格納されています。NumPyのndarrayと似ていますが、TersorはGPUによる計算がサポートされている点で異なります。

すでにPyTorchのインストールを終えていても、そのままではPyTorchの関数を使うことができません。PythonではPyTorchに関わらず、合計値sumや標準出力printなどの組み込み関数（Pythonに最初から用意されているメソッド）以外の関数を使用するには、前もってそれらのパッケージ（複数の関数をまとめたもの）を読み込む（インポートする）必要があります。

また、Pythonを終了すると読み込んだパッケージは一度リセットされるため、Pythonを起動するたびにパッケージの読み込みが必要です。

この先PyTorchの関数を使うために、PyTorchのパッケージ`torch`をインポートしておきましょう。

In:

```
# PyTorchをインポート
import torch
```

1.1 Tensorの生成

Tensorを生成する方法はいろいろありますが、ここでは基本的なTensorの生成方法をおさえておきましょう。

torch.tensor関数にlistを渡してTensorを生成します。

In:

```
# listを渡してTensorを生成
x = torch.tensor([1, 2, 3])
print(x)
```

Out:

```
tensor([1, 2, 3])
```

次のように、listを入れ子にして渡すこともできます。

In:

```
# listを入れ子にしてTensorを生成
x = torch.tensor([[1, 2, 3], [4, 5, 6]])
print(x)
```

Out:

```
tensor([[1, 2, 3],
        [4, 5, 6]])
```

Tensorの形状を確認するには、sizeメソッドを使います。NumPyと同様に、shapeメソッドを使って確認することもできます。

In:

```
x = torch.tensor([[1, 2, 3], [4, 5, 6]])
print(x.size())  # Tensorの形状を確認
```

Out:

```
torch.Size([2, 3])
```

また、データ型（dtype）を指定してTensorを生成することもできます。データ型の確認は、dtypeメソッドを使います。たとえば、64ビット浮動小数点（float64）のデータ型にする場合には、次のようにTensorを生成します。

In:

```
# データ型を指定せずにTensorを生成
x1 = torch.tensor([[1, 2, 3], [4, 5, 6]])

# dtypeを指定して64ビット浮動小数点数型のTensorを生成
x2 = torch.tensor([[1, 2, 3], [4, 5, 6]], dtype=torch.float64)

# torchのメソッドから64ビット浮動小数点数型のTensorを生成
x3 = torch.DoubleTensor([[1, 2, 3], [4, 5, 6]])

# dtypeの確認
print(x1.dtype)  # データ型指定なし
print(x2.dtype)  # データ型指定
print(x3.dtype)  # データ型指定
```

Out:

```
torch.int64    # データ型指定なし(x1)
torch.float64  # データ型指定(x2)
torch.float64  # データ型指定(x3)
```

PyTorchもNumPyと同様に、arange、linspace、rand、zeros、ones、などの関数を使うことができます。

arangeで0から9までの1次元Tensorを生成するには、次のように記述します。

In:

```
# 0から9までの1次元Tensorを生成
x = torch.arange(0, 10)
print(x)
```

Out:

```
tensor([0, 1, 2, 3, 4, 5, 6, 7, 8, 9])
```

0から始まって、10まで2.5ずつ増えていくTensorを生成する場合には、次のように記述します。3つ目の引数は、生成するTensorの要素数です。

In:

```
# 0から始まって10まで2.5ずつ増えていく1次元Tensorを生成
x = torch.linspace(0, 10, 5)
print(x)
```

Out:

```
tensor([ 0.0000,  2.5000,  5.0000,  7.5000, 10.0000])
```

0から1の間の乱数を生成するには、randを使います。引数には、各次元の要素数を指定します。2×3の乱数を生成するには、次のように記述します。

In:

```
# 0から1の間の乱数を生成
x = torch.rand(2, 3)
print(x)
```

Out:

```
tensor([[0.1092, 0.6835, 0.7204],
        [0.9263, 0.4605, 0.0497]])
```

すべての要素が0となるTensorを作るには、zerosを用います。2×3の零Tensorを作るには、次のように記述します。

In:

```
# 2×3の零テンソルを生成
x = torch.zeros(2, 3)
print(x)
```

Out:

```
tensor([[0., 0., 0.],
        [0., 0., 0.]])
```

すべての要素が1となるTensorを作るには、onesを用います。形状が2×3ですべての要素が1のTensorを作るには、次のように記述します。

In:

```
# 形状が2×3で要素がすべて1のテンソルを生成
x = torch.ones(2, 3)
print(x)
```

Out:

```
tensor([[1., 1., 1.],
        [1., 1., 1.]])
```

生成したテンソルをGPUに転送する場合は、to()メソッドを用います。

In:

```
x = torch.tensor([1, 2, 3]).to('cuda')
print(x.device)
```

Out:

```
device(type='cuda', index=0)
```

1.2 Tensorとndarrayの変換

ディープラーニングを実装する上で、前処理は非常に重要なステップです。しかし、前処理をする際によく使われるpandasやscikit-learnは、Tensorをサポートしていません。データ構造として、PyTorchのTensorよりもNumPyのndarrayをサポートしているライブラリの方が多いのが現状だからです。とはいえ、前処理の段階ではデータ構造としてndarrayを使用し、ディープラーニングを実行する際にはndarrayからTensorにデータ構造を変換する、というケースが出てくるでしょう。そのためPyTorchには、TensorとNumPyのndarrayをお互いに行き来することができるよう、以下のような関数が用意されています。

では、NumPyが使えるように、numpyをインポートしておきましょう。

ただし、NumPyの関数を使うたびに毎回numpyと打つのは面倒ですので、numpyをnpとしてインポートすることがほとんどです。

In:

```
# NumPyのインポート
import numpy as np
```

まずは、NumPyを使ってndarrayを生成します。

In:

```
# ndarrayの生成
array = np.array([[1,2,3],[4,5,6]])
print(array)
```

Out:

```
array([[1, 2, 3],
       [4, 5, 6]])
```

次に、`from_numpy`でNumPyのndarrayからPyTorchのTensorに変換します。

In:

```
# ndarrayからTensorへ変換
tensor = torch.from_numpy(array)
print(tensor)
```

Out:

```
tensor([[1, 2, 3],
        [4, 5, 6]])
```

Tensorからndarrayに変換するには、`numpy`メソッドを使います。

In:

```
# Tensorからndarrayへ変換
tensor2array = tensor.numpy()
print(tensor2array)
```

Out:

```
array([[1, 2, 3],
       [4, 5, 6]])
```

1.3 Tensorの操作

次に、Tensorの要素へのアクセスや要素の部分的な抽出方法を紹介します。
インデックスを指定することで、Tensorの任意の要素を取得することができます。

In:

```
# インデックスの指定
x = torch.tensor([[1, 2, 3], [4, 5, 6]])
print(x[1, 2])
```

Out:

```
tensor(6)
```

Pythonでは、リストや文字列などのシーケンスデータの一部分を切り取って、コピーを返してくれる機能があります。これをスライスと呼びます。Tensorも次のようにスライスを使って要素を取得することができます。

In:

```
# スライスで要素を取得
x = torch.tensor([[1, 2, 3], [4, 5, 6]])
print(x[1, :])
```

Out:

```
tensor([4, 5, 6])
```

Tensorの形状を変更するには、view関数を使用します。2×3のTensorを3×2にするには、次のように記述します。

In:

```
# 2×3から3×2のTensorに変換
x = torch.tensor([[1, 2, 3], [4, 5, 6]])
x_reshape = x.view(3, 2)
print(x)          # 変換前の2×3のTensor
print(x_reshape)  # 変換後の3×2のTensor
```

Out:

```
tensor([[1, 2, 3],
        [4, 5, 6]])  # 変換前の2×3のTensor
tensor([[1, 2],
        [3, 4],
        [5, 6]])     # 変換後の3×2のTensor
```

1.4 Tensorの演算

Tensorを使った四則演算（加減乗除）は、Tensor同士あるいはスカラーとの間でのみ可能で、ndarrayとの演算はできません。そのため、Tensorとndarrayの四則演算をしたい場合は、データ構造をTensorかndarrayのどちらかに合わせる必要があります。また、Tensor同士の四則演算であっても、データ型（intやfloat）をそろえる必要があります。一方、形状が異なるTensor同士の計算であっても、自動的に次元が補完されて計算すること（ブロードキャスト）ができます。

Tensorとスカラーの四則演算は、次のようにシンプルに実行することができます。

In:

```
# Tensorとスカラーの四則演算
x = torch.tensor([[1, 2, 3], [4, 5, 6]], dtype=torch.float64)
print(x + 2)  # 足し算
print(x - 2)  # 引き算
print(x * 2)  # 掛け算
print(x / 2)  # 足し算
```

Out:

```
tensor([[3., 4., 5.],
        [6., 7., 8.]], dtype=torch.float64)                # 足し算
tensor([[-1.,  0.,  1.],
        [ 2.,  3.,  4.]], dtype=torch.float64)             # 引き算
tensor([[ 2.,  4.,  6.],
        [ 8., 10., 12.]], dtype=torch.float64)             # 掛け算
tensor([[0.5000, 1.0000, 1.5000],
        [2.0000, 2.5000, 3.0000]], dtype=torch.float64)  # 割り算
```

Tensor同士の四則演算も同様に計算することができます。ただし、以下の例では、要素ごとに四則演算をしていることに注意してください。一般的な行列計算の積とは異なります。

In:

```
# Tensor同士の四則演算
x = torch.tensor([[1, 2, 3], [4, 5, 6]], dtype=torch.float64)
y = torch.tensor([[4, 5, 6], [7, 8, 9]], dtype=torch.float64)
print(x + y)  # 足し算
print(x - y)  # 引き算
print(x * y)  # 掛け算
print(x / y)  # 割り算
```

Out:

```
tensor([[ 5.,  7.,  9.],
        [11., 13., 15.]], dtype=torch.float64)             # 足し算
tensor([[-3., -3., -3.],
        [-3., -3., -3.]], dtype=torch.float64)             # 引き算
tensor([[ 4., 10., 18.],
        [28., 40., 54.]], dtype=torch.float64)             # 掛け算
tensor([[0.2500, 0.4000, 0.5000],
        [0.5714, 0.6250, 0.6667]], dtype=torch.float64)  # 割り算
```

PyTorchのTensorには、最小値min、最大値max、合計値sum、平均値mean、などの様々な数学関数が用意されています。

In:

```
x = torch.tensor([[1, 2, 3], [4, 5, 6]], dtype=torch.float64)
print(torch.min(x))  # 最小値
print(torch.max(x))  # 最大値
print(torch.mean(x)) # 平均値
print(torch.sum(x))  # 合計値
```

Out:

```
tensor(1., dtype=torch.float64)      # 最小値
tensor(6., dtype=torch.float64)      # 最大値
tensor(3.5000, dtype=torch.float64)  # 平均値
tensor(21., dtype=torch.float64)     # 合計値
```

Tensorを使った演算ではTensorで返されます。値を取り出したい場合は、`item`メソッドで取り出すことができます。

In:

```
x = torch.tensor([[1, 2, 3], [4, 5, 6]], dtype=torch.float64)
print(torch.sum(x).item())  # 合計値
```

Out:

```
21.0  # 合計値
```

2 自動微分（AUTOGRAD）

ここでは、autogradを使った自動微分について解説します。

ニューラルネットワークの最適なパラメータ（重み）を算出するために、入力と出力の誤差が最小となるようにします。具体的には、のちほど解説する損失関数が最小となるようなパラメータを算出します。この際に必要になるのが微分であり、autogradはパラメータを最適化する上で有用なパッケージです。

学習目標

・autogradを用いた自動微分の使い方

使用ファイル

Section2-2.ipynb

Chapter 2

PyTorchにはautogradパッケージがあり、テンソルを使ったあらゆる計算を自動的に微分する機能（自動微分機能）が備わっています。Tensorの属性にはrequires_gradがあり、この属性をTrueにすることで自動微分機能を有効にすることができます。デフォルトでは、requires_grad=Trueとなっています。自動微分機能が有効なTensorは勾配情報を保持しています。構築したTensorの計算グラフに対してbackwardメソッドを呼び出すことで、自動的に微分計算をし、勾配を算出します。

例として、$y = ax + b$に対して微分をし、勾配を算出してみましょう。

In:

```
# PyTorchのインポート
import torch

# Tensorの生成
a = torch.tensor(3, requires_grad=True, dtype=torch.float64)
b = torch.tensor(4, requires_grad=True, dtype=torch.float64)
x = torch.tensor(5, requires_grad=True, dtype=torch.float64)

# 計算グラフの作成 (y = ax + b)
y = a*x + b  # y = 3*5 + 4 = 19
# Tensor yの確認
print(y)
```

Out:

```
tensor(19., dtype=torch.float64, grad_fn=<AddBackward0>)
```

次に、変数yを変数a、b、xでそれぞれ微分し、勾配を算出してみましょう。

In:

```
# 変数yに対して微分をし、勾配を算出する
y.backward()

# 勾配を確認
```

```
print(a.grad)  # yをaで微分 dy/da = 1*x + 0 = 5
print(b.grad)  # yをbで微分 dy/db = 0 + 1 = 1
print(x.grad)  # yをxで微分 dy/dx = a*1 + 0 = 3
```

Out:

```
tensor(5., dtype=torch.float64)
tensor(1., dtype=torch.float64)
tensor(3., dtype=torch.float64)
```

3 ニューラルネットワークの定義

本節では、nnパッケージを用いたニューラルネットワークの定義方法について説明していきます。

ディープラーニングを実装するためには、次章で詳しく説明するニューラルネットワークが必要です。PyTorchにはニューラルネットワークの定義方法が何パターンかありますが、代表的な方法について解説します。

学習目標

- **ニューラルネットワークの定義**

使用ファイル

Section2-3.ipynb

PyTorchでネットワークを定義する方法として、自作のクラスを作らない方法と自作のクラスを作る方法があり、いずれもnnパッケージを使うことで実装できます。

特に`nn.Sequential`は、自作のクラスを作らずにネットワークを定義できるので簡単です。しかし、データに応じてネットワークを変更するなどの複雑なネットワークを定義することはできません。このようなネットワークを定義したい場合には、自作のクラスを作ってネットワークを定義する必要があります。ここでは、「自作のクラスを作らないでnn.Sequentialを使って定義する方法」と「自作のクラスを作って定義する方法」をそれぞれ解説していきます。また、GPUを使用する際の注意点についても解説します。

3.1 nn.Sequentialを使う方法

nn.Sequentialを使ったニューラルネットワークの定義では、入力層から出力層にかけて順番に層を積み重ねて、ニューラルネットワークを構築していきます。

nn.Conv2dは画像認識のニューラルネットワークでよく用いられる畳み込み層で、入力に対してフィルタリングを施して特徴マップを取得します。

引数として、入力チャネル、出力チャネル、カーネル（フィルタ）サイズを渡します。ここでの「チャネル」とは「次元」のことを指し、入力チャネルは入力の次元、出力チャネルは出力の次元を意味します。また、畳み込み層ではカーネル（kernel）と呼ばれるフィルタを用いて画像の特徴を抽出するため、カーネルのサイズを指定します。

nn.MaxPool2dは、画像のずれに対してニューラルネットワークに頑健性を持たせるために使われるプーリング層で、入力を任意のサイズに小さくします。引数として、畳み込み層と同様にカーネルサイズを指定します。

カーネルが正方形である場合には、縦横どちらか一方の値を指定するだけで、正方形のカーネルサイズを指定することができます。たとえば、nn.MaxPool2d((2,2))とnn.MaxPool2d(2)は、カーネルサイズが同じプーリング層です。nn.ReLuは近年、ニューラルネットワークでよく用いられる活性化関数です。

In:

```
# PyTorchとnnパッケージのインポート
import torch
from torch import nn

# nn.Sequentialで定義
net = torch.nn.Sequential(
    nn.Conv2d(1, 6, 3),     # nn.Conv2d(入力チャネル, 出力チャネル, カーネルサイズ)
    nn.MaxPool2d((2, 2)),   # nn.MaxPool2d(カーネルサイズ)
    nn.ReLU(),
    nn.Conv2d(6, 16, 3),
    nn.MaxPool2d(2),        # nn.MaxPool2d((2,2))と同じ
    nn.ReLU()
)
print(net)
```

Out:

```
Sequential(
  (0): Conv2d(1, 6, kernel_size=(3, 3), stride=(1, 1))
  (1): MaxPool2d(kernel_size=(2, 2), stride=(2, 2), padding=0, dilation=1, ceil_
mode=False)
  (2): ReLU()
  (3): Conv2d(6, 16, kernel_size=(3, 3), stride=(1, 1))
  (4): MaxPool2d(kernel_size=2, stride=2, padding=0, dilation=1, ceil_mode=False)
  (5): ReLU()
)
```

3.2 自作のクラスを使う方法

PyTorchで複雑なニューラルネットワークを構築するには、nn.Moduleを継承したクラスを定義します。ニューラルネットワークの層の定義を初期化するために、__init__メソッドに各層の定義を記述します。順伝搬の計算は、forwardメソッドに書きます。これにより、自動微分まで可能になります。

自作のクラスを作って定義したニューラルネットワークをprint(net)すると、2層の畳み込み層しか表示されませんが、前述の「**3.1 nn.Sequentialを使う方法**」で定義したニューラルネットワークと同じ計算をします。

In:

```
# PyTorchとnnパッケージのインポート
import torch
from torch import nn
import torch.nn.functional as F

# 自作のクラスを使って定義
class Net(nn.Module):
    def __init__(self):
        super(Net, self).__init__()
        self.conv1 = nn.Conv2d(1, 6, 3)
        self.conv2 = nn.Conv2d(6, 16, 3)

    def forward(self, x):
        x = F.max_pool2d(F.relu(self.conv1(x)), (2, 2))
```

```
        x = F.max_pool2d(F.relu(self.conv2(x)), 2)
        return x

# ネットワークのロード
net = Net()
print(net)
```

Out:

```
Net(
  (conv1): Conv2d(1, 6, kernel_size=(3, 3), stride=(1, 1))
  (conv2): Conv2d(6, 16, kernel_size=(3, 3), stride=(1, 1))
)
```

Chapter 2

3.3 GPUを使う場合

生成したニューラルネットワークの学習をGPU上で行う場合には、TensorおよびネットワークのインスタンスをGPUに転送する必要があります。

具体的には、`net = Net()`の部分を次のように変更します。

In:

```
net = Net().to('cuda')
```

4 損失関数

次に、損失関数の使い方について解説します。

ニューラルネットワークの予測がうまくいったかどうかを判断するためには、答えと見比べてどれだけ正解していたかを評価することになります。その際に必要となるのが、損失関数です。損失関数には様々な種類があり、目的に応じて使い分けます。

学習目標

・損失関数の定義
・損失の計算

使用ファイル

Section2-4.ipynb

ニューラルネットワークが学習するということは、「ニューラルネットワークの予測値と、実際の答えの値との誤差を減らすように、ニューラルネットワークのパラメータを更新していく」ことに他なりません。ニューラルネットワークの学習は、実際には数学的なアプローチで実行されるため、ここでいう「誤差」の定義も数学的に行う必要があります。

ここでは、「誤差」を「損失関数」として定義します。損失関数は目的によって使い分けられます。2クラスの分類問題ではバイナリ交差エントロピー損失`nn.BCELoss`、ロジット付きバイナリ交差エントロピー損失`nn.BCEWithLogitsLoss`、多クラスの分類問題ではソフトマックス交差エントロピー損失`nn.CrossEntropyLoss`、回帰問題では平均二乗誤差損失`nn.MSELoss`や平均絶対誤差損失`nn.L1Loss`がよく用いられます。この5つの損失関数を順に説明していきます。

4.1 バイナリ交差エントロピー損失(nn.BCELoss)

バイナリ交差エントロピー損失は一種の距離のような指標で、ニューラルネットワークの出力と正解のクラスがどれくらい離れているかを示す尺度です。特に、2クラス分類の場合に用いられ、その値が小さいほどニューラルネットワークの出力が正解であることを意味します。

たとえば、n個のデータがあったとして、データiに対するクラス1の予測確率y_iと正解のクラスt_iのバイナリ交差エントロピー損失$L(y, t)$は次のように計算されます。ここで、$1-y_i$はクラス0の予測確率で、w_iはデータごとの損失の重みを意味します。

$$L(y,t) = \frac{1}{n}\sum_{i=1}^{n}[-w_i\{t_i \cdot \log y_i + (1-t_t) \cdot \log(1-y_i)\}]$$

ここで、クラス1の予測確率y_iを用いていますが、これはニューラルネットワークの出力層から出力された値をシグモイド関数で変換した確率値です。出力層からの出力値を「ロジット」と呼びます。ロジットとは、あるクラスの確率pとそうでない確率$1-p$の比に対数logをとった値であり、次のように計算されます。

$$logit(p) = log(\frac{p}{1-p})$$

一方、シグモイド関数σはロジットの逆関数であり、次の式で表されます。

$$\sigma(x) = \frac{1}{1+e^{-x}}$$

つまり、出力層からの出力値をシグモイド関数に入力することで、あるクラスの確率pが次のように計算できます。これがシグモイド関数を使う理由です。シグモイド関数は、2クラス分類で用いられる関数でニューラルネットワークの出力を0から1の数値に変換して出力し、クラス1に対する確率を算出します。

$$\sigma(logit(p)) = \frac{1}{1+e^{-logit(p)}} = \frac{1}{1+\frac{1-p}{p}} = p$$

では実際に、バイナリ交差エントロピー損失を計算してみましょう。

PyTorchでは、nn.BCELossでバイナリ交差エントロピー損失を計算できます。nn.BCELossを用いる場合、入力はtorch.float32のデータ型である必要があります。そのため、正解クラスのデータ型は本来、int型（整数型）ですが、以下のようにfloat型（浮動小数点数型）に変換する必要があります。

In:

```
# バイナリ交差エントロピー損失(nn.BCELoss)
import torch
from torch import nn
m = nn.Sigmoid()                                       # シグモイド関数
y = torch.rand(3)                                      # 予測値(ロジット)、データ数は3つ
t = torch.empty(3, dtype=torch.float32).random_(2)  # 正解クラス(全2クラス)
criterion = nn.BCELoss()                               # 損失関数の設定
loss = criterion(m(y), t)                              # 予測値と正解値との誤差を計算

# 変数の中身を表示
print("y: {}".format(y))
print("m(y): {}".format(m(y)))
print("t: {}".format(t))
print("loss: {:.4f}".format(loss))
```

Out:

```
y: tensor([0.7625, 0.6613, 0.6314])      # 予測値(ロジット)、データ数は3つ
m(y): tensor([0.6819, 0.6596, 0.6528])  # クラス1の予測確率
t: tensor([0., 1., 1.])                  # 正解クラス(全2クラス)
loss: 0.6627                             # 損失
```

4.2 ロジット付きバイナリ交差エントロピー損失(nn.BCEWithLogitsLoss)

バイナリ交差エントロピー損失に、シグモイド関数（Sigmoid）を加えたものがロジット付きバイナリ交差エントロピー損失で、ロジット値の入力を想定して作られた損失関数です。ニューラルネットワークの最後の層にシグモイド関数の層を入れていない場合には、ロジット付きバイナリ交差エントロピー損失を用います。この損失関数は、ニューラルネットワークにシグモイド関数の層を入れてバイナリ交差エントロピー損失を適応するよりも出力が安定しています。

たとえばn個のデータがあったとして、データiに対するクラス1のロジットy_iと正解のクラスt_iのロジット付きバイナリ交差エントロピー損失$L(y, t)$は次のように計算されます。ここで、$1-y_i$はクラス0の予測確率で、w_iはデータごとの損失の重み、σはシグモイド関数を意味します。

$$L(y,t) = \frac{1}{n}\sum_{i=1}^{n}[-w_i\{t_i \cdot \log\sigma(y_i) + (1-t_t)\cdot\log(1-\sigma(y_i))\}]$$

では実際に、ロジット付きバイナリ交差エントロピー損失を計算します。

正解クラスのデータ型はnn.BCELossの時と同様に、float型（浮動小数点数型）に変換する必要があります。

In:

```
# ロジット付きバイナリ交差エントロピー損失(nn.BCEWithLogitsLoss)
import torch
from torch import nn
y = torch.rand(3)                                      # 予測値(ロジット)、データ数は3つ
t = torch.empty(3, dtype=torch.float32).random_(2)     # 正解クラス(全2クラス)
criterion = nn.BCEWithLogitsLoss()                     # 損失関数の設定
loss = criterion(y, t)                                 # 予測値と正解値との誤差を計算

# 変数の中身を表示
print("y: {}".format(y))
```

```
print("t: {}".format(t))
print("loss: {:.4f}".format(loss))
```

Out:

```
y: tensor([0.8964, 0.7567, 0.3955])  # 予測値(ロジット)、データ数は3つ
t: tensor([1., 1., 0.])              # 正解クラス(全2クラス)
loss: 0.5458                         # 損失
```


4.3 ソフトマックス交差エントロピー損失(nn.CrossEntropyLoss)

ソフトマックス交差エントロピー損失も前述のバイナリ交差エントロピー損失と同様に、ニューラルネットワークの出力と正解のクラスがどれくらい離れているかを評価する尺度です。特に、2クラス以上の多クラス分類の場合に用いられ、この値が小さいほどニューラルネットワークの出力が正解であることを意味します。

ソフトマックス交差交差エントロピー損失は、各クラスに対するロジットをソフトマックス関数を用いて各クラスに対する確率を計算し、全クラスの交差エントロピー損失を計算します。2クラス分類ではシグモイド関数を用いましたが、2クラス以上の多クラス分類の場合にはソフトマックス関数を用います。これにより、予測確率の総和が1になるように各クラスに対する確率を計算することができます。たとえば、猫の画像を入力したときに犬の確率0.1、トラの確率0.2、猫の確率0.7といった形です。

n個のデータがあったとして、データiに対するクラスkのロジットy_i^kと正解のクラスt_iのソフトマックス交差エントロピー損失$L(y, t)$は次のように計算できます。ここで、w_iはデータごとの損失の重みです。

$$L(y,t) = \frac{1}{n}\sum_{i=1}^{n}\left[-w_i \cdot \log\left(\frac{\exp(y_i^{t_i})}{\sum_{k=0}\exp(y_i^k)}\right)\right] = \frac{1}{n}\sum_{i=1}^{n}\left[-w_i\left\{y_i^{t_i} - \log\left(\sum_{k=0}\exp(y_i^k)\right)\right\}\right]$$

次の例では、5クラス分類問題におけるソフトマックス交差エントロピー損失を計算しています。ソフトマックス交差エントロピー損失は、`nn.CrossEntropyLoss`で計算することができます。`nn.BCELoss`の正解クラスは、`torch.float32`のデータ型である必要がありました。しかし`nn.CrossEntropyLoss`の場合は、`torch.int64`のデータ型で入力する必要があるので注意してください。また、入力するニューラルネットワークからの出力値はロジットである必要があります。

In:

```
# ソフトマックス交差エントロピー損失(nn.CrossEntropyLoss)
import torch
from torch import nn
y = torch.rand(3, 5)    # 予測値(ロジット)、データ数は3つで各クラスに対する出力を持つ
t = torch.empty(3, dtype=torch.int64).random_(5)  # 正解クラス(全5クラス)
criterion = nn.CrossEntropyLoss()                  # 損失関数の設定
loss = criterion(y, t)                             # 予測値と正解値との誤差を計算

# 変数の中身を表示
print("y: {}".format(y))
print("t: {}".format(t))
print("loss: {:.4f}".format(loss))
```

Out:

```
y: tensor([[0.5680, 0.1878, 0.5167, 0.6389, 0.4391],
        [0.3699, 0.0516, 0.7412, 0.9983, 0.1229],
        # 予測値(ロジット)、データ数は3つで各クラスに対する出力を持つ
        [0.6891, 0.2574, 0.7537, 0.7871, 0.9972]])
t: tensor([0, 4, 2])  # 正解クラス(全5クラス)
loss: 1.7046          # 損失
```

4.4 平均二乗誤差損失(nn.MSELoss)

平均二乗誤差損失(mean squared error:MSE)は回帰問題でよく用いられる損失関数で、ニューラルネットワークの予測値と正解値の差を二乗した値を平均したものです。体重や性別、足のサイズから身長を予測するようなケースで用いられ、この値が小さいほどうまく予測できていたことを意味します。

たとえば、n個のデータがあったとして、データiの予測値y_iと正解値t_iの平均二乗誤差損失$L(y, t)$は、次のように計算されます。

$$L(y,t) = \frac{1}{n}\sum_{i=1}^{n}(y_i - t_i)^2$$

PyTorchで平均二乗誤差損失を計算するには、`nn.MSELoss`を使います。

In:

```
# 平均二乗誤差損失(nn.MSELoss)
import torch
from torch import nn
y = torch.rand(1, 10)      # ネットワークが予測した予測値
t = torch.rand(1, 10)      # 正解値
criterion = nn.MSELoss()  # 損失関数の設定
loss = criterion(y, t)     # 予測値と正解値との誤差を計算
print(loss)
```

Out:

```
tensor(0.3971)
```

Chapter 2

4.5 平均絶対誤差損失(nn.L1Loss)

平均絶対誤差損失（mean absolute error：MAE）は前述の平均二乗誤差損失と同様に、回帰問題で用いられる損失関数です。平均二乗誤差損失は予測値と正解値の**差を二乗した値**を平均するのに対し、平均絶対誤差損失は予測値と正解値の**差の絶対値**を平均します。

たとえば、n個のデータがあったとして、データiの予測値y_iと正解値t_iの平均絶対誤差損失$L(y, t)$は、次のように計算されます。

$$L(y,t) = \frac{1}{n}\sum_{i=1}^{n}|y_i - t_i|$$

PyTorchで平均絶対誤差損失を計算するには、`nn.L1Loss`を使います。

In:

```
# 平均絶対誤差損失(nn.L1Loss)
import torch
from torch import nn
y = torch.rand(1, 10)     # ネットワークが予測した予測値
t = torch.rand(1, 10)     # 正解値
criterion = nn.L1Loss()  # 損失関数の設定
loss = criterion(y, t)    # 予測値と正解値との誤差を計算
print(loss)
```

Out:

```
tensor(0.2681)
```

5 最適化関数

最後に、最適化関数の使い方について説明していきます。

次章で説明するニューラルネットワークのパラメータを最適化するには、損失関数が最小となるようにパラメータを選べばよいのですが、その組み合わせは膨大で、ニューラルネットワークの層が厚くなればなるほど、パラメータの最適化は困難になります。そこで、最適なパラメータをあるアルゴリズムに従って効率的に探し出すということをします。ここで登場するのが、最適化関数です。

学習目標

- **最適化関数の定義**
- **最適化関数の使い方**

使用ファイル

Section2-5.ipynb

前節の「**損失関数**」で、損失の誤差の計算ができるようになりました。あとは、この誤差をいかにして小さくしていくかが課題です。

具体的には、ニューラルネットワークのパラメータ（重み）で損失関数を微分した値がゼロになるように、ニューラルネットワークのパラメータを決定していきます。この過程こそが、ニューラルネットワークでの学習です。ただし、ニューラルネットワークで解く問題は複雑で多次元にわたるため、最適なパラメータ（最適解）をみつけるのは容易ではありません。

そこで、しらみつぶしに最適解を求めるのではなく、アルゴリズムを使って探索的に最適解を探索します。ここで用いられるアルゴリズムが「最適化関数」です。また、このような手法を「**勾配降下法**」といいます。損失関数の微分によって勾配ベクトルを求め、それがゼロとなるようにパラメータ更新を繰り返すことで、損失を最小化します。様々な最適化関数が提案されていますが、現在は**Adam**を使うことがほとんどです。

PyTorchで最適化関数を実装するのはとても簡単で、`optim`クラスから任意の最適化関数をメソッドとして呼び出すだけです。たとえば、最適化関数としてAdamを使用する場合には、次のように記述します。

```
# 最適化関数
optimizer = optim.Adam(net.parameters(), lr=1e-4, betas=(0.9, 0.99), eps=1e-07)
```

引数として、ニューラルネットワークのパラメータnet.parameters()を入力しています。Adamのハイパーパラメータである学習率lrやベータ（β）betas、イプシロン（ε）eps、なども指定することができます。

では、実際に最適化関数（Adam）を用いたニューラルネットワークの学習で、学習回数と誤差がどのように変わっていくかをみてみましょう。

ニューラルネットワークの構造は、「全結合層nn.Linear＞活性化関数F.relu＞全結合層nn.Linear」です。乱数を使って生成した、入力値xと答え値yをニューラルネットワークに入力し、予測値y_predを返します。

In:

```
# パッケージのインポート
import torch
from torch import nn
import torch.nn.functional as F
from torch import optim
import matplotlib.pyplot as plt

# ニューラルネットワークの定義
class Net(nn.Module):
    def __init__(self, D_in, H, D_out):
        super(Net, self).__init__()
        self.linear1 = nn.Linear(D_in, H)
        self.linear2 = nn.Linear(H, D_out)

    def forward(self, x):
        x = F.relu(self.linear1(x))
        x = self.linear2(x)
        return x


# ハイパーパラメータの定義
N = 64        # バッチサイズ： 64
D_in = 1000   # 入力次元： 1000
H = 100       # 隠れ層次元： 100
D_out = 10    # 出力次元： 10
epoch = 100   # 学習回数

# データの生成
```

```
x = torch.rand(N, D_in)   # 入力データ
y = torch.rand(N, D_out)  # 正解値

# ネットワークのロード
net = Net(D_in, H, D_out)

# 損失関数
criterion = nn.MSELoss()

# 最適化関数
optimizer = optim.Adam(net.parameters(), lr=1e-4, betas=(0.9, 0.99), eps=1e-07)

loss_list = []  # 学習ごとの誤差を格納するリスト
# 学習
for i in range(epoch):
    # データを入力して予測値を計算(順伝播)
    y_pred = net(x)
    # 損失(誤差)を計算
    loss = criterion(y_pred, y)
    print("Epoch: {}, Loss: {:.3f}".format(i+1, loss.item()))  # 誤差を表示
    loss_list.append(loss.item())  # 誤差をリスト化して記録

    # 勾配の初期化
    optimizer.zero_grad()
    # 勾配の計算(逆伝搬)
    loss.backward()
    # パラメータ(重み)の更新
    optimizer.step()


# 結果を図示
plt.figure()
plt.title('Training Curve')                   # タイトル
plt.xlabel('Epoch')                           # x軸のラベル
plt.ylabel('Loss')                            # y軸のラベル
plt.plot(range(1, epoch+1), loss_list)  # 学習回数ごとの誤差をプロット
plt.show()                                    # プロットの表示
```

上記のコードを実行すると、各学習ごとに「学習回数、平均二乗誤差」が表示されます。学習を重ねるごとに、ニューラルネットワークの予測値y_predと答え値yの平均二乗誤差が小さくなっていることが分かりますね。

Out:

```
Epoch: 1, Loss: 0.284
Epoch: 2, Loss: 0.255
Epoch: 3, Loss: 0.229
...
Epoch: 100, Loss: 0.045
```

さらに、学習回数（Epoch）を横軸に、平均二乗誤差（Loss）を縦軸に取った曲線（学習曲線）を図示すると、図2-1のようになります。

プログラムを実行しても、ニューラルネットワークのやっていることは目にはみえないため、何が起きているのかが分かりづらいかもしれません。しかし、行っていることとしては、もともと関係のない入力値xと答え値yとの間の関係式を構築し、予測値y_predを返す。そして、その予測値y_predと答え値yとの誤差が小さくなるように、関係式の中のパラメータを学習回数分だけ更新し、最適化する、ということです。その最適化されていく様子が、学習回数を追うごとに誤差が減少していく形となって表れています。

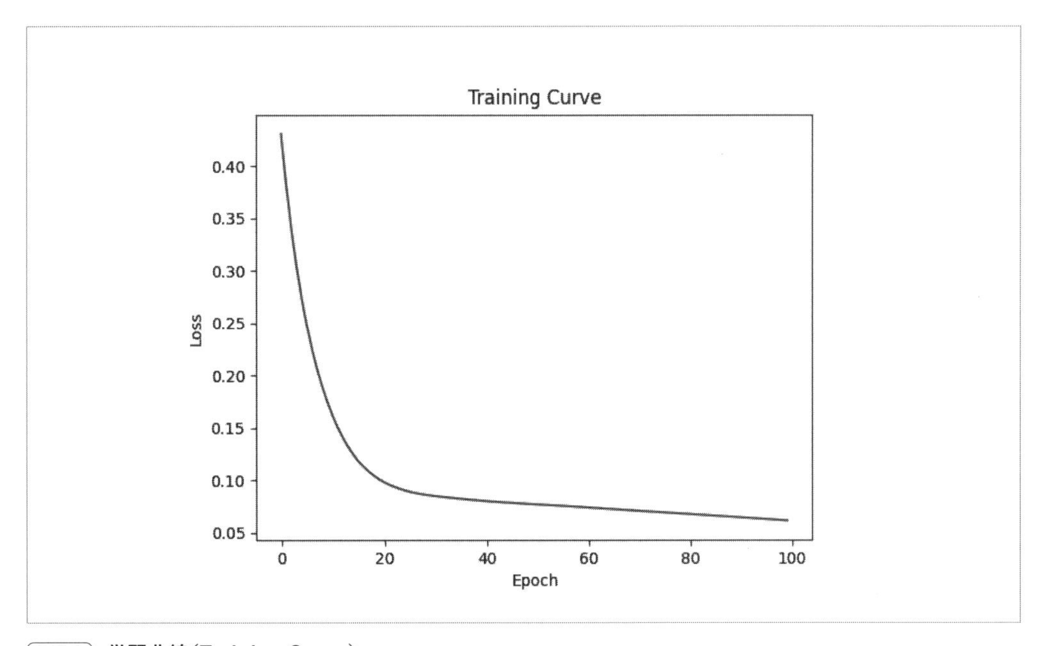

図2-1 学習曲線（Training Curve）

Chapter 2 まとめ　PyTorch の基本

☑ この章では、以下のことを学びました。

1 テンソル（Tensor）

□ Tensorの生成から変換、操作、演算について学びました。

2 自動微分（AUTOGRAD）

□ Tensorを使ったあらゆる計算を自動的に微分する機能（自動微分機能）である、PyTorchのautogradパッケージについて学びました。

3 ニューラルネットワークの定義

□ nn.Sequentialを使う、自作のクラスを使う、2つのニューラルネットワークの定義方法やGPUを使用する際の注意点について学びました。

4 損失関数

□ 5つの「損失関数」、バイナリ交差エントロピー損失（nn.BCELoss）、ロジット付きバイナリ交差エントロピー損失(nn.BCEWithLogitsLoss)、ソフトマックス交差エントロピー損失（nn.CrossEntropyLoss）、平均二乗誤差損失（nn.MSELoss）、平均絶対誤差損失（nn.L1Loss）を学びました。

5 最適化関数

□ 損失関数で計算した誤差を効率的に小さくするために、アルゴリズムを使って最適解を探索する「最適化関数」を学びました。

ニューラルネットワークの基本

本章では、ニューラルネットワークの概要について解説していきます。

ディープラーニングを実装する際には、データを与えるとPCが中で計算して結果だけを出してくるため、なにが起きているのか、自分がなにをしているのかが分からなくなる場合があります。ですが、ニューラルネットワークの基本的な概念を勉強することで、ディープラーニングの実装の中身を理解することができます。

1 ニューラルネットワークについて

学習目標

・ニューラルネットワークの理解

使用ファイル

なし

ニューラルネットワークとは機械学習の1つで、人間の脳神経回路をモデルにして人間のような学習を実現するものです。人間の脳には、ニューロンと呼ばれる神経細胞が数十億個も存在し、それらのニューロンがお互いに結びつくことで脳神経回路を構築します。何かを見たり聞いたりすることで情報を受け取ると、人間の脳ではニューロンを介して脳神経回路に電気信号が流れます。この時、流れる電気信号がどのように脳神経回路を駆け巡るかによって、受け取った情報が何であったのかを脳は認識しています。

図3-1はニューラルネットワークの最も簡単なモデルで、「**単純パーセプトロン**」といいます。このモデルは入力を受け取る入力層と、出力する出力層で構成されています。

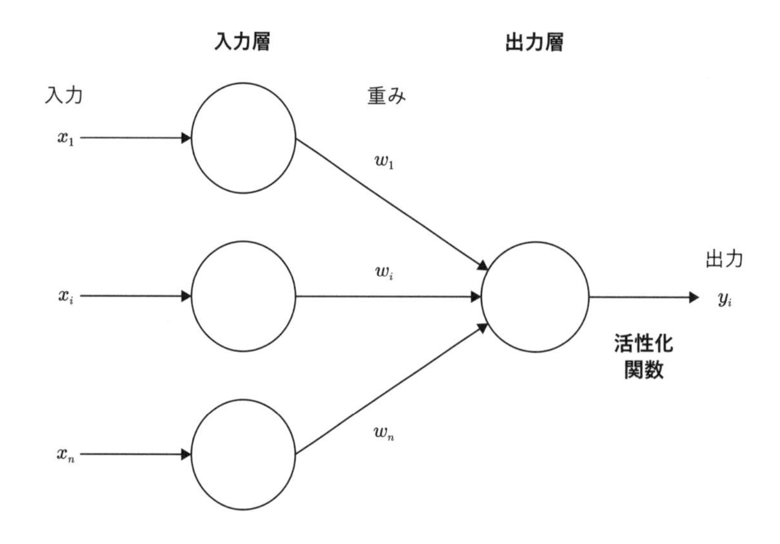

図3-1 **単純パーセプトロン**

たとえば、何らかの入力x_iが入力層に入り、出力層に電気信号を送るとします。この時、入力層にある各ニューロンからの電気信号には、重要であるものとそうでないものがあるとして、各電気信号に重み付けをし、出力層に送る電気信号を調節します。一方、出力層のニューロンは、受け取った電気信号をもとに、どのような出力（y_i）を出すかを調節します。これは活性化関数を用いて実現します。

特に、ニューラルネットワークを多層にしたモデルを「ディープニューラルネットワーク」といいます。さらに、このディープニューラルネットワークを用いて、認識したい対象物の特徴量を自ら学習（取得）する手法を「**ディープラーニング（深層学習）**」と呼びます。

前述の単純パーセプトロンは、入力層と出力層の2つで構成されていましたが、ディープニューラルネットワークには、さらに隠れ層が追加されています（図3-2）。一見複雑そうなモデルですが、実際には「入力と出力の関係性（関係式）を隠れ層の中で表現」しているだけなのです。つまり、私たちが「ディープラーニングを使って○○をする」というのは、入力と出力の関係式の構築を機械（PC）にお任せして、ディープニューラルネットワークの隠れ層のパラメータである重みwを最適化する、ということなのです。以降、ディープラーニングによってニューラルネットワークが学習するパラメータといえば、図3-1の重みwのことだと捉えてください。

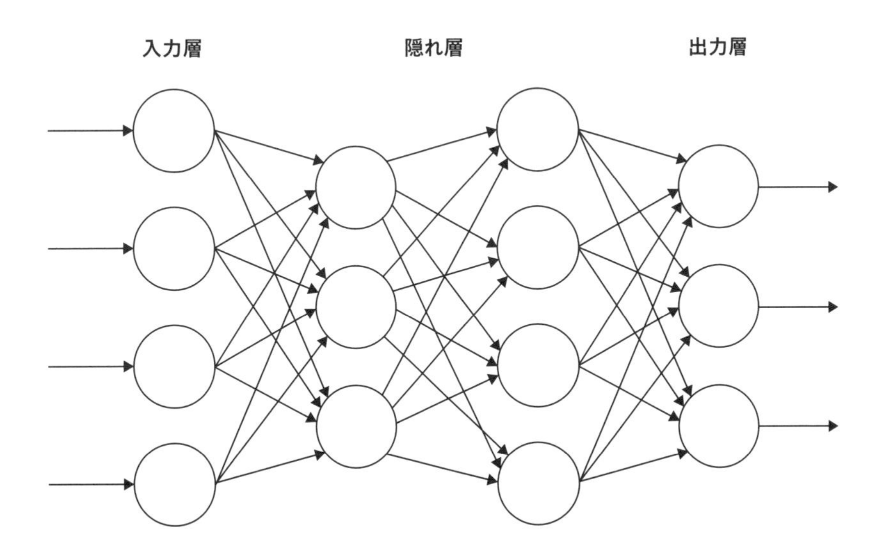

図3-2 **ディープニューラルネットワーク**

2 アヤメの分類【サンプルコード】

本節では、アヤメの分類を例として、ニューラルネットワークを用いたディープラーニングの実装方法について解説していきます。ディープラーニング実装の流れを覚えることで、あらゆる課題に対応できるようになります。

学習目標

- **pandasを用いたデータフレームの扱い方**
- **データの基本統計量の算出**
- **データの可視化**
- **訓練データとテストデータの分割**
- **TensorDatasetを用いたデータセットの作成**
- **DataLoaderを用いたバッチの作成**
- **ニューラルネットワークの学習方法**
- **matplotlibを用いた結果の可視化**
- **学習済みのニューラルネットワークを用いた推定**

使用ファイル

Section3-2.ipynb

図3-3は、基本的なディープラーニング実装の流れを示したものです。まずは、1～6の基本的な実装手順をみていきましょう。

最初に、①データ処理や可視化、PyTorchといったパッケージをインポートします。次に、②データの前処理を行います。前処理では、データを正規化・標準化してスケールをそろえたり、外れ値を削除したりします。

前処理を終えたら、次は③訓練データとテストデータの準備です。具体的には、前処理した訓練データとテストデータから、入力する特徴データとラベルデータがペアになった「クラスDataset」と、Datasetからバッチを生成する「クラスDataLoader」を作成します。ディープラーニングでは、データを複数のバッチに分けて学習するミニバッチ学習が一般的です。DataLoaderの準備ができれば、入力データの準備は完了です。

続いて、④ニューラルネットワークを定義します。ニューラルネットワークが定義できたら、パラメータを最適化するために、⑤損失関数と最適化関数の定義を行います。損失関数は、推定した値と実際の値との誤差を表す指標で、分類や回帰といった問題に応じて決定します。また、最適化関数によって、ニューラルネットワークの最適なパラメータを学習する際の最適化アルゴリズムを決定します。この時、誤差逆伝搬（Backpropagation）によって、パラメータの誤差に対する勾配が算出されます。最適化関数は、この勾配から誤差が小さくなるようなパラメータを探索します。

以上の手順を終えたら、いよいよ設定した学習回数に応じて、⑥学習および評価を実行します。

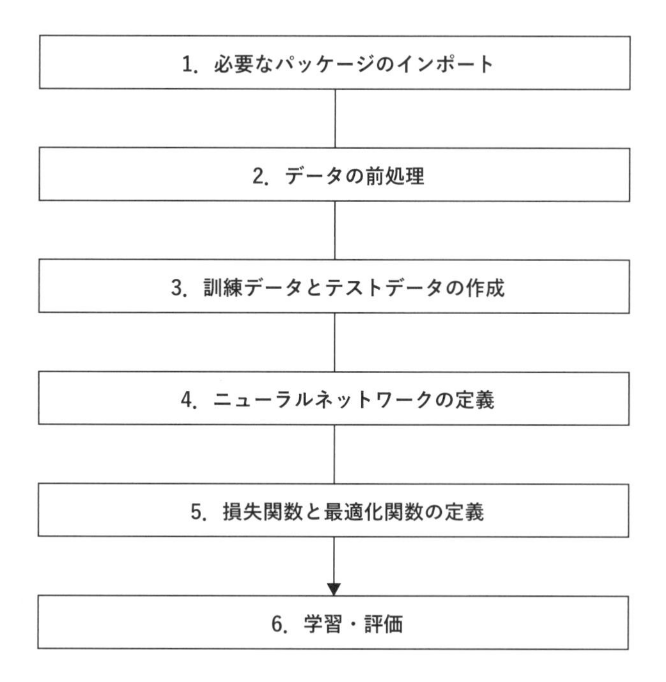

図3-3 ディープラーニング実装の流れ

ここでは、簡単なニューラルネットワークを使って分類問題を解いていきます。機械学習の分類問題のデータセットとしてよく用いられるアヤメ（Irist）のデータセットを用いて、3種類のアヤメを分類します。

2.1 アヤメ(Iris)データセット

では、データセットの準備からはじめましょう。

アヤメのデータセットは、Pythonの機械学習ライブラリであるscikit-learnから取得することができます。scikit-learnをインストールしていない場合は、先にインストールが必要です。インストールはpipを用いて実行できます（ドルマーク（$）は入力する必要はありません）。

In:

```
$ pip3 install scikit_learn
```

次に、アヤメのデータセットを読み込みます。

In:

```
# データセットのロード
from sklearn.datasets import load_iris
iris = load_iris()
```

アヤメのデータセットの説明は、以下のDESCR（DESCRiption）メソッドで確認することができます。scikit-learnのアヤメデータセットには、アヤメ属（Iris）に属するセトサ（setosa）、バージカラー（versicolor）、バージニカ（versinica）の3つの品種と4つの特徴量が収められていることが分かります。全部で150本分のアヤメのデータがあり、それぞれのアヤメに対して、がく片長（sepal length）、がく片幅（sepal width）、花びら長（petal length）、花びら幅（petal width）の4つの特徴量があります。

In:

```
# データセットの説明
print(iris.DESCR)
Out:
.. _iris_dataset:

Iris plants dataset
--------------------

**Data Set Characteristics:**

    :Number of Instances: 150 (50 in each of three classes)
    :Number of Attributes: 4 numeric, predictive attributes and the class
    :Attribute Information:
        - sepal length in cm
        - sepal width in cm
        - petal length in cm
        - petal width in cm
```

```
        - class:
                - Iris-Setosa
                - Iris-Versicolour
                - Iris-Virginica

    :Summary Statistics:

    ============== ==== ==== ======= ===== ====================
                    Min  Max   Mean    SD   Class Correlation
    ============== ==== ==== ======= ===== ====================
    sepal length:   4.3  7.9   5.84   0.83    0.7826
    sepal width:    2.0  4.4   3.05   0.43   -0.4194
    petal length:   1.0  6.9   3.76   1.76    0.9490  (high!)
    petal width:    0.1  2.5   1.20   0.76    0.9565  (high!)
    ============== ==== ==== ======= ===== ====================

    :Missing Attribute Values: None
    :Class Distribution: 33.3% for each of 3 classes.
    :Creator: R.A. Fisher
    :Donor: Michael Marshall (MARSHALL%PLU@io.arc.nasa.gov)
    :Date: July, 1988

The famous Iris database, first used by Sir R.A. Fisher. The dataset is taken
from Fisher's paper. Note that it's the same as in R, but not as in the UCI
Machine Learning Repository, which has two wrong data points.

This is perhaps the best known database to be found in the
pattern recognition literature.  Fisher's paper is a classic in the field and
is referenced frequently to this day.  (See Duda & Hart, for example.)  The
data set contains 3 classes of 50 instances each, where each class refers to a
type of iris plant.  One class is linearly separable from the other 2; the
latter are NOT linearly separable from each other.

.. topic:: References

   - Fisher, R.A. "The use of multiple measurements in taxonomic problems"
     Annual Eugenics, 7, Part II, 179-188 (1936); also in "Contributions to
     Mathematical Statistics" (John Wiley, NY, 1950).
```

```
  - Duda, R.O., & Hart, P.E. (1973) Pattern Classification and Scene Analysis.
    (Q327.D83) John Wiley & Sons.  ISBN 0-471-22361-1.  See page 218.
  - Dasarathy, B.V. (1980) "Nosing Around the Neighborhood: A New System
    Structure and Classification Rule for Recognition in Partially Exposed
    Environments".  IEEE Transactions on Pattern Analysis and Machine
    Intelligence, Vol. PAMI-2, No. 1, 67-71.
  - Gates, G.W. (1972) "The Reduced Nearest Neighbor Rule".  IEEE Transactions
    on Information Theory, May 1972, 431-433.
  - See also: 1988 MLC Proceedings, 54-64.  Cheeseman et al"s AUTOCLASS II
    conceptual clustering system finds 3 classes in the data.
  - Many, many more ...
```

ディープラーニングに限らず機械学習の分野では、Pythonのデータ解析用ライブラリであるpandasが使いこなせるとデータ準備が非常に楽になります。pandasをインストールしていない場合は、先にインストールをしておきましょう。

In:

```
$ pip3 install pandas
```

では、アヤメのデータセットをpandasのデータフレーム型に変換しましょう。

第1引数にはアヤメの数値データ`iris.data`を、第2引数の列名`columns`にはアヤメの特徴量名`iris.feature_names`を渡します。また、データセットの中身を確認する際には、`df.head()`とすることで、上位5件のみを表示することができます。データ数が多い場合に便利です。

In:

```
# データフレームに変換
import pandas as pd
df = pd.DataFrame(iris.data, columns=iris.feature_names)
print(df.head())
```

Out:

```
   sepal length (cm)  sepal width (cm)  petal length (cm)  petal width (cm)
0                5.1               3.5                1.4               0.2
1                4.9               3.0                1.4               0.2
2                4.7               3.2                1.3               0.2
3                4.6               3.1                1.5               0.2
4                5.0               3.6                1.4               0.2
```

しかしこの状態だと、それぞれのデータがどの品種なのかが分かりません。そこで、列に品種名iris.targetを"Variety"という列名として追加します。iris.targetには0から2の数値が格納されており、0がsetosa、1がversicolor、2がvirginicaです。それらのカテゴリデータを品種名に変換します。

In:

```
# 品種の追加
df['Variety'] = iris.target
df.loc[df['Variety'] == 0, 'Variety'] = 'setosa'
df.loc[df['Variety'] == 1, 'Variety'] = 'versicolor'
df.loc[df['Variety'] == 2, 'Variety'] = 'virginica'
print(df.head())
```

Out:

	sepal length (cm)	sepal width (cm)	petal length (cm)	petal width (cm)	Variety
0	5.1	3.5	1.4	0.2	setosa
1	4.9	3.0	1.4	0.2	setosa
2	4.7	3.2	1.3	0.2	setosa
3	4.6	3.1	1.5	0.2	setosa
4	5.0	3.6	1.4	0.2	setosa

さらに、データの個数、平均値、分散、最小値、最大値、などの基本統計量を知りたい場合には、describeメソッドを用います。

In:

```
# 基本統計量の確認
print(df.describe())
```

Out:

	sepal length (cm)	sepal width (cm)	petal length (cm)	petal width (cm)
count	150.000000	150.000000	150.000000	150.000000
mean	5.843333	3.057333	3.758000	1.199333
std	0.828066	0.435866	1.765298	0.762238
min	4.300000	2.000000	1.000000	0.100000
25%	5.100000	2.800000	1.600000	0.300000
50%	5.800000	3.000000	4.350000	1.300000
75%	6.400000	3.300000	5.100000	1.800000
max	7.900000	4.400000	6.900000	2.500000

また、機械学習を始める前に、データを可視化してデータの特徴を確認することも重要です。可視化には、Pythonの可視化ライブラリーであるseabornが便利です。seabornをインストールしていない場合は、先にインストールしておきましょう。

In:

```
pip3 install seaborn
```

では、アヤメのデータセットをペアプロットsns.pairplotを使って図示してみましょう（図3-4）。

第1引数としてデータフレーム化したアヤメのデータ、第2引数であるhueとして「Variety」を指定することで、品種ごとに色を分けてプロットします。プロットした画像を表示するには、データビジュアライゼーションパッケージであるmatplotlib.pyplotのshowメソッドを用います。

In:

```
# データセットの可視化
import seaborn as sns
import matplotlib.pyplot as plt
sns.pairplot(df, hue='Variety')
plt.show()
```

Out:

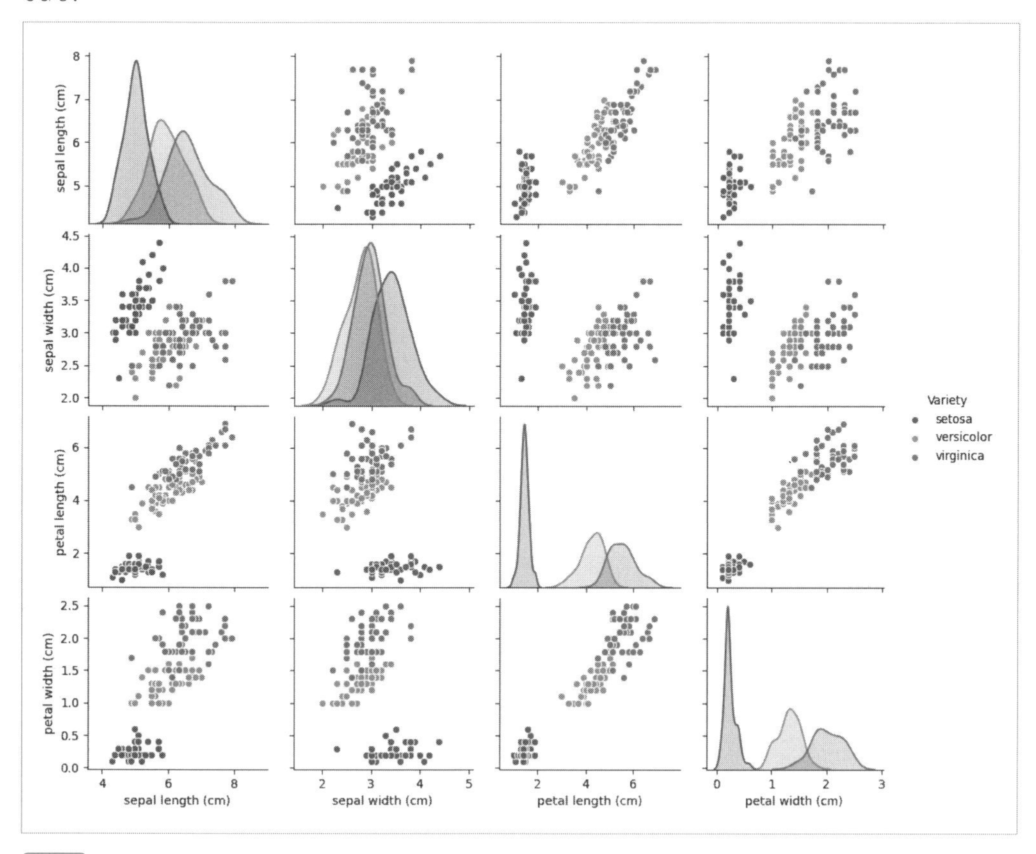

図3-4 **アヤメデータセットのプロット**

Chapter 3

2.2 前準備(パッケージのインポート)

ここからは、ディープラーニングの実装に入っていきます。
まずはじめに、アヤメの分類を行うために必要なパッケージをインポートしましょう。

In:

```
# パッケージのインポート
import pandas as pd
import matplotlib.pyplot as plt
from sklearn.datasets import load_iris
from sklearn.model_selection import train_test_split
```

```
import torch
from torch.utils.data import TensorDataset, DataLoader
from torch import nn
import torch.nn.functional as F
from torch import optim
```

次に、アヤメのデータセットを読み込みます。

In:

```
# データセットの読み込み
iris = load_iris()
data = iris.data      # 特徴量
label = iris.target   # ラベル(品種)
```

2.3 訓練データとテストデータの用意

ところで、機械学習の目的とはなんでしょうか。手元にあるデータを使ってデータの特徴を学習し、未知のデータが与えられた時に、そのデータがどのようなデータであるのかを識別・予測できるようになること、ですよね。ということは、構築したニューラルネットワークが**未知のデータに対してどれほどの精度をもっているのか**を評価する必要があります。

機械学習の分野では、このような評価を行うためにデータを2つに分けます。手元のデータを学習するための**訓練データ**と、予測精度を評価するための**テストデータ**です。訓練データとテストデータの分割は、scikit-learnの`train_test_split`で実行することができます。引数として、アヤメの特徴量`data`、アヤメのラベル（品種）`label`、テストデータの割合`test_size`を渡します。以下の例では、8割（120/150）が訓練データ、2割（30/150）がテストデータとなるようにデータを分割しています。

In:

```
# 学習データとテストデータを分割
train_data, test_data, train_label, test_label = train_test_split(
    data, label, test_size=0.2)

# 学習データとテストデータのサイズの確認
print("train_data size: {}".format(len(train_data)))
print("test_data size: {}".format(len(test_data)))
print("train_label size: {}".format(len(train_label)))
print("test_label size: {}".format(len(test_label)))
```

Out:

```
train_data size: 120
test_data size: 30
train_label size: 120
test_label size: 30
```

次に、アヤメのデータをPyTorchで使えるように、Tensorに変換します。この先設定する損失関数nn.CrossEntropyLossでは、ラベルをtorch.int64のデータ型で与える必要がありますので、注意してください。

In:

```
# ndarrayをPyTorchのTensorに変換
train_x = torch.Tensor(train_data)
test_x = torch.Tensor(test_data)
train_y = torch.LongTensor(train_label)  # torch.int64のデータ型に
test_y = torch.LongTensor(test_label)    # torch.int64のデータ型に
```

続いて、TensorDatasetを使って、特徴量とラベルを結合したデータセットを作成します。

In:

```
# 特徴量とラベルを結合したデータセットを作成
train_dataset = TensorDataset(train_x, train_y)
test_dataset = TensorDataset(test_x, test_y)
```

一度に入力するデータ数（バッチサイズ）をモデルに指定して、データを小分け（バッチ）にします。バッチを用いて学習した場合、バッチ内のデータごとに損失と損失関数の勾配を算出します。そして、バッチとしての勾配の平均値をもとに、一度だけパラメータを更新します。

このようなバッチを用いた学習では、バッチごとにパラメータを更新することで**外れ値による影響を減らせる**だけでなく、並列計算によって**計算時間を短くする**こともできます。バッチサイズを**1**に設定して学習する方法を**オンライン学習**（確率的勾配降下法）、**全データ数**に設定する学習方法を**バッチ学習**（最急降下法）と呼びます。また、バッチサイズをその**中間**となる少ない数に設定する学習法を**ミニバッチ学習**と呼びます。

バッチの作成は、DataLoaderで実行することができます。

以下の例では、バッチサイズbatch_sizeを5にしています。また、shuffle=Trueにすることで、データセットをシャッフルしてバッチを作成することができます。num_workersは、並列処理をするためのコア数を指定します。

In:

```
# ミニバッチサイズを指定したデータローダーを作成
train_batch = DataLoader(
    dataset=train_dataset,  # データセットの指定
    batch_size=5,           # バッチサイズの指定
    shuffle=True,           # シャッフルするかどうかの指定
    num_workers=2)          # コアの数
test_batch = DataLoader(
    dataset=test_dataset,
    batch_size=5,
    shuffle=False,
    num_workers=2)

# ミニバッチデータセットの確認
for data, label in train_batch:
    print("batch data size: {}".format(data.size()))    # バッチの入力データサイズ
    print("batch label size: {}".format(label.size()))  # バッチのラベルサイズ
    break
```

Out:

```
batch data size: torch.Size([5, 4])  # バッチサイズが5で特徴量が4つ
batch label size: torch.Size([5])    # バッチサイズが5でラベルが1つ
```

以上でデータセットの作成は完了です。ここに至るまで案外、手間取った方が多かったのではないでしょうか。

というのも、データセットの作成は、ディープラーニングを実装する際の1つの壁だからです。このデータセットの作成にもかなりの時間をとられたはずです。よくあるディープラーニングのチュートリアルでは、そのほとんどがディープラーニングフレームワークですでに用意されたデータセットを使います。そのため、データの準備が容易になっています。しかし実際には、読者の皆さんは独自の問題を解決するために、ディープラーニングを自分で実装する方が多いでしょう。その際には、これまで行ってきたように自身でデータセットを用意して、そのデータセットをPCに読み込ませる必要があります。手間のかかる作業ですが、知っておくことに損はありません。このデータセットの準備方法はぜひ覚えておいてください。

2.4 ニューラルネットワークの定義

続いて、ニューラルネットワークを定義します。ネットワークの構造は、「全結合層nn.Linear

>活性化関数F.relu>全結合層nn.Linear」といったシンプルな構造です。

In:

```
# ニューラルネットワークの定義
class Net(nn.Module):
    def __init__(self, D_in, H, D_out):
        super(Net, self).__init__()
        self.linear1 = torch.nn.Linear(D_in, H)
        self.linear2 = torch.nn.Linear(H, D_out)

    def forward(self, x):
        x = F.relu(self.linear1(x))
        x = self.linear2(x)
        return x
```


次に、ニューラルネットワークのハイパーパラメータを設定します。

人間が設定するパラメータのことを、機械学習によって得られるパラメータと区別して、**ハイパーパラメータ**といいます。アヤメの特徴量は1つのデータに対して4種類あるため、入力次元D_inは4です。そして3種類の品種を推定するため、出力次元D_outは3です。なお、隠れ層の横の広がりを決める隠れ層の次元Hは100、学習回数（エポック）epochは100回に設定しています。

In:

```
# ハイパーパラメータの定義
D_in = 4      # 入力次元: 4
H = 100       # 隠れ層次元: 100
D_out = 3     # 出力次元: 3
epoch = 100   # 学習回数
```

続いて、定義したニューラルネットワークを読み込みます。

この時、GPUを使う場合はtoメソッドで宣言しなければなりません。"cuda" if torch.cuda.is_available() else "cpu"で使っているPCの環境に合わせて、CPUかGPUのどちらを使うのかを自動的に判断しています。GPU環境がない方でもこのコマンドを実行することで、CPU環境としてこの先進めていくことができます。

なお、本書ではGoogle ColaboratoryでGPUを用いたときの出力結果を示していますが、CPU環境であっても問題なく本書のソースコードを実行することができます。

In:

```
# ネットワークのロード
# CPUとGPUのどちらを使うかを指定
device = torch.device('cuda' if torch.cuda.is_available() else 'cpu')
net = Net(D_in, H, D_out).to(device)
# デバイスの確認
print("Device: {}".format(device))
```

Out:

```
Device: cuda
```

2.5 損失関数と最適化関数の定義

最後に、損失関数と最適化関数を定義します。

今回は3クラスの多クラス分類ですので、損失関数はnn.CrossEntropyLossにします。最適化関数は、よく用いられるAdam（optim.Adam）に設定しています。

In:

```
# 損失関数の定義
criterion = nn.CrossEntropyLoss()

# 最適化関数の定義
optimizer = optim.Adam(net.parameters())
```

学習準備はこれで完了です。

2.6 学習

では、いよいよニューラルネットワークの学習です。

訓練データを用いた学習およびテストデータを用いた評価をする際には、各エポックで学習パートと評価パートを分けて書きます。コードの概略は以下のとおりです（以下のコマンドは実行する必要はありません）。

学習と評価ではおのおの、ニューラルネットワークのモードを切り替える必要があります。機械学習でよく問題になる過学習を抑える層として、ドロップアウト（Dropout）やバッチ正規化（Batch Normalization）を用いる場合に有効で、学習時net.train()にON、評価時

net.train()にOFFにすることができます。また、評価パートでは、ネットワークのパラメータを更新する必要がないため、勾配の計算およびパラメータの更新は必要ありません。以下の流れに沿って、ニューラルネットワークの学習を実行します。

```
# 学習(エポック)の実行例(実行する必要なし)
epoch = 100
for i in range(epoch):
        # ---------学習パート--------- #
        1. ニューラルネットワークを学習モードに設定
        # ミニバッチごとに学習を実行
        for data, label in train_batch:
            2. TensorをGPUに転送
            3. 勾配を初期化
            4. データを入力して予測値(確率)を計算(順伝搬)
            5. 損失(誤差)を計算
            6. 勾配の計算(逆伝搬)
            7. パラメータ(重み)の更新
            8. ミニバッチごとの損失和を計算
            9. 予測値から予測ラベルを計算
            10. ミニバッチごとに正解したラベル数をカウント
        11. ミニバッチの平均の損失と正解率を計算
        # ---------学習パートはここまで--------- #

        # ---------評価パート--------- #
        12. ニューラルネットワークを評価モードに設定
        # 評価時の計算で自動微分機能をオフにする
        with torch.no_grad():
            # ミニバッチごとに学習を実行
            for data, label in test_batch:
                13. TensorをGPUに転送
                14. データを入力して予測値(確率)を計算(順伝搬)
                15. 損失(誤差)を計算
                16. ミニバッチごとの損失和を計算
                17. 予測値から予測ラベルを計算
                18. ミニバッチごとに正解したラベル数をカウント
        19. ミニバッチの平均の損失と正解率を計算
        # ---------評価パートはここまで--------- #
```

```
        20. エポックごとに学習データとテストデータの損失と正解率を表示
        21. 学習データとテストデータの損失と正解率をリスト化して保存
```

以下の実行結果をみると、学習（エポック）を重ねるごとに損失と正答率が高くなっていきます。学習したニューラルネットワークをテストデータで正解率を評価した結果が、エポック100回目にはTest_Accuracyで1.000、つまり100%の精度を誇ることが分かりますね。

In:

```
# 損失と正解率を保存するリストを作成
train_loss_list = []       # 学習損失
train_accuracy_list = []  # 学習データの正答率
test_loss_list = []        # 評価損失
test_accuracy_list = []   # テストデータの正答率

# 学習(エポック)の実行
for i in range(epoch):
    # エポックの進行状況を表示
    print('---------------------------------------------')
    print("Epoch: {}/{}".format(i+1, epoch))

    # 損失と正解率の初期化
    train_loss = 0       # 学習損失
    train_accuracy = 0  # 学習データの正答数
    test_loss = 0        # 評価損失
    test_accuracy = 0   # テストデータの正答数

    # ---------学習パート--------- #
    # ニューラルネットワークを学習モードに設定
    net.train()
    # ミニバッチごとにデータをロードし学習
    for data, label in train_batch:
        # GPUにTensorを転送
        data = data.to(device)
        label = label.to(device)

        # 勾配を初期化
        optimizer.zero_grad()
        # データを入力して予測値を計算(順伝播)
```

```
        y_pred_prob = net(data)
        # 損失(誤差)を計算
        loss = criterion(y_pred_prob, label)
        # 勾配の計算(逆伝搬)
        loss.backward()
        # パラメータ(重み)の更新
        optimizer.step()

        # ミニバッチごとの損失を蓄積
        train_loss += loss.item()

        # 予測したラベルを予測確率y_pred_probから計算
        y_pred_label = torch.max(y_pred_prob, 1)[1]
        # ミニバッチごとに正解したラベル数をカウント
        train_accuracy += torch.sum(y_pred_label == label).item() / len(label)

    # ミニバッチの平均の損失と正解率を計算
    batch_train_loss = train_loss / len(train_batch)
    batch_train_accuracy = train_accuracy / len(train_batch)
    # ---------学習パートはここまで--------- #

    # ---------評価パート--------- #
    # ニューラルネットワークを評価モードに設定
    net.eval()
    # 評価時の計算で自動微分機能をオフにする
    with torch.no_grad():
        for data, label in test_batch:
            # GPUにTensorを転送
            data = data.to(device)
            label = label.to(device)
            # データを入力して予測値を計算(順伝播)
            y_pred_prob = net(data)
            # 損失(誤差)を計算
            loss = criterion(y_pred_prob, label)
            # ミニバッチごとの損失を蓄積
            test_loss += loss.item()

            # 予測したラベルを予測確率y_pred_probから計算
```

Chapter 3

```
            y_pred_label = torch.max(y_pred_prob, 1)[1]
            # ミニバッチごとに正解したラベル数をカウント
            test_accuracy += torch.sum(y_pred_label == label).item() / len(label)
    # ミニバッチの平均の損失と正解率を計算
    batch_test_loss = test_loss / len(test_batch)
    batch_test_accuracy = test_accuracy / len(test_batch)
    # ---------評価パートはここまで--------- #

    # エポックごとに損失と正解率を表示
    print("Train_Loss: {:.4f} Train_Accuracy: {:.4f}".format(
        batch_train_loss, batch_train_accuracy))
    print("Test_Loss: {:.4f} Test_Accuracy: {:.4f}".format(
        batch_test_loss, batch_test_accuracy))

    # 損失と正解率をリスト化して保存
    train_loss_list.append(batch_train_loss)
    train_accuracy_list.append(batch_train_accuracy)
    test_loss_list.append(batch_test_loss)
    test_accuracy_list.append(batch_test_accuracy)
```

Out:

```
Epoch: 1/100
Train_Loss: 0.9609 Train_Accuracy: 0.5000
Test_Loss: 0.8991 Test_Accuracy: 0.6000
--------------------------------------------
Epoch: 2/100
Train_Loss: 0.7520 Train_Accuracy: 0.6833
Test_Loss: 0.7330 Test_Accuracy: 0.6000
--------------------------------------------
Epoch: 3/100
Train_Loss: 0.6300 Train_Accuracy: 0.7250
Test_Loss: 0.6232 Test_Accuracy: 0.7333
--------------------------------------------
. . .
--------------------------------------------
Epoch: 100/100
Train_Loss: 0.0974 Train_Accuracy: 0.9750
Test_Loss: 0.0323 Test_Accuracy: 1.0000
```

2.7 結果の可視化

学習が終わりましたので、結果の可視化を行いましょう。

エポックごとの訓練データ、およびテストデータのおのおのの損失と正解率をプロットします。図示することで、その学習がうまくいったか、精度がよいか、を直感的に評価することができます。さらに、学習回数を増やすべきかどうかの判断材料にもなります。

たとえば、図3-5をみると、損失はエポックが80から100にかけてほとんど変わっていません。そのため、エポックを500や1000に増やしたとしても、損失はエポック100の時とさほど変わらないことが予想できます。

また、テストデータの正解率の推移をみると、エポック20以降はほとんど全問正解で、エポック40で安定しています。このことから、エポックは50も取っておけば十分であると予想できますね。

In:

```
# 損失
plt.figure()
plt.title('Train and Test Loss')
plt.xlabel('Epoch')
plt.ylabel('Loss')
plt.plot(range(1, epoch+1), train_loss_list, color='blue',
         linestyle='-', label='Train_Loss')
plt.plot(range(1, epoch+1), test_loss_list, color='red',
         linestyle='--', label='Test_Loss')
plt.legend()  # 凡例

# 正解率
plt.figure()
plt.title('Train and Test Accuracy')
plt.xlabel('Epoch')
plt.ylabel('Accuracy')
plt.plot(range(1, epoch+1), train_accuracy_list, color='blue',
         linestyle='-', label='Train_Accuracy')
plt.plot(range(1, epoch+1), test_accuracy_list, color='red',
         linestyle='--', label='Test_Accuracy')
plt.legend()

# 表示
plt.show()
```

Out:

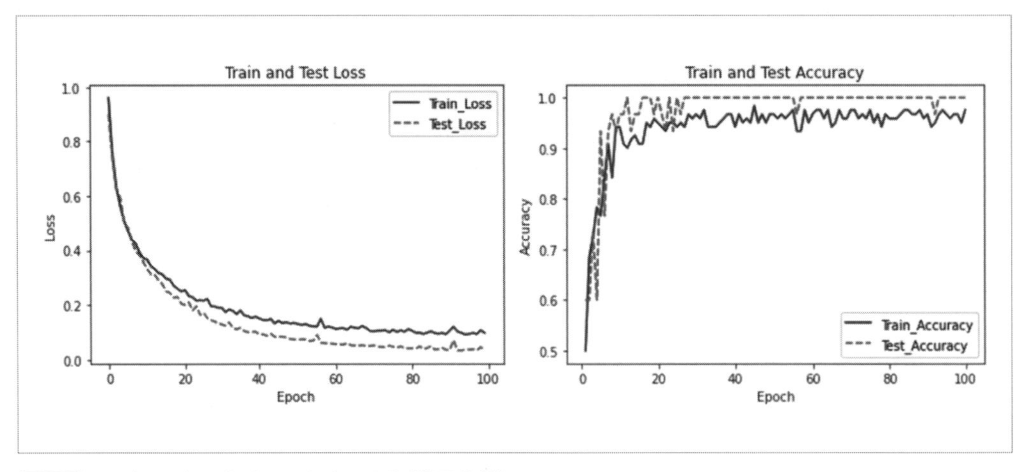

図3-5 エポックごとの損失と正解率の変化(学習曲線)

2.8 新たにテスト用のデータセットを用意して推定したい場合

これまでは、その時点で手元にあるデータで学習・評価をし、アヤメの品種を推定してきました。次は、新たにアヤメの特徴量が手に入り、その特徴量から品種を推定する場合を想定してみましょう。

未来のテストデータに対して推定を行う場合には、学習したニューラルネットワークのパラメータ(重み)を保存する必要があります。保存する際には、使用しているPCに合わせてtoメソッドでCPUかGPUかを指定します。

次のサンプルコードでは、device = torch.device('cuda' if torch.cuda.is_available() else 'cpu')の部分で、条件式を用いて使用しているPCの環境に合わせた設定(CPUかGPU)を自動的に判断していますので、パラメータ保存時にCPUかGPUかを指定する必要はありません。保存が完了すると、パラメータが保存された「3-2_iris_net.pth」がフォルダに生成されます。

In:

```
# CPUとGPUのどちらを使うかを指定
device = torch.device('cuda' if torch.cuda.is_available() else 'cpu')
# 学習パラメータを保存
torch.save(net.to(device).state_dict(), '3-2_iris_net.pth')
```

また、過去に学習したニューラルネットワークのパラメータを読み込むにはload_state_dictを使います。保存したパラメータには、入力出力の次元や隠れ層の次元の情報がないため、保存したパラメータを読み込む前に設定します。以下の例では、net2として新たにニューラルネットワークを構築し、さらに学習パラメータを読み込ませています。

In:

```
# ハイパーパラメータの定義
D_in = 4    # 入力次元： 4
H = 100     # 隠れ層次元： 100
D_out = 3   # 出力次元： 3

# 保存した学習パラメータを読み込む
net2 = Net(D_in, H, D_out).to(device)
net2.load_state_dict(torch.load('3-2_iris_net.pth', map_location=device))
```

これで、学習済みのニューラルネットワークの読み込みができました。

次に、新しいテスト用のデータセットを使って、アヤメの品種を推定していきます。今回は作業を簡単にするために、「**2.3 訓練データとテストデータの用意**」で用意したテストデータtest_batchを新しいデータセットだとして入力します。推定する際には、ニューラルネットワークを評価モードにすることに注意してください。

In:

```
# ニューラルネットワークを評価モードに設定
net2.eval()
# 推定時の計算で自動微分機能をオフにする
with torch.no_grad():
    # 初期化
    test_accuracy = 0
    for data, label in test_batch:
        # GPUにTensorを転送
        data = data.to(device)
        label = label.to(device)
        # データを入力して予測値を計算(順伝播)
        y_pred_prob = net(data)
        # 予測したラベルを予測確率y_pred_probから計算
        y_pred_label = torch.max(y_pred_prob, 1)[1]
        # ミニバッチごとに正解したラベル数をカウント
        test_accuracy += torch.sum(y_pred_label == label).item() / len(label)
```

```
# ミニバッチの平均の損失と正解率を計算
batch_test_accuracy = test_accuracy / len(test_batch)
# 正解率を表示
print("Accuracy: {:.3f}".format(batch_test_accuracy))
```

Out:

```
Accuracy: 1.000
```

これで新しいデータセットの読み込みから推定が完了です。

これまではアヤメの品種推定を例に、簡単なニューラルネットワークを使って基本的なディープラーニングの流れや実装を行いました。もっとより複雑なネットワークにしたければ、層を厚くしたり、隠れ層の次元を増やします。回帰問題であれば、損失関数を平均二乗誤差損失nn.CrossEntropyLossに変え、それに応じて出力の次元数も変えます。

また、別の最適化関数としてRMSpropを使いたい場合は、optim.Adamをoptim.RMSpropに変える、といったように部分的に変更すればいいだけです。それができるようになれば、PyTorch初心者はもう卒業です！

3 糖尿病の予後予測【サンプルコード】

前節では、アヤメの分類問題を対象にディープラーニングを実装しました。次は、糖尿病の予後予測を例として、回帰問題に取り組みます。これを学ぶことで、教師あり学習（Column参照）が扱う分類問題および回帰問題をすべて対応できるようになります。

学習目標

- **分類問題と回帰問題での実装方法の違いを理解**
- **ニューラルネットワークの層の追加**
- **種々のハイパーパラメータの変更**

使用ファイル

Section3-3.ipynb

予後予測は、回帰問題に分類されます。やり方は、**3.2 アヤメの分類【サンプルコード】**をベースにして、回帰問題に応じて変えるべきところを変えていきます。この学習をクリアすれば、機械学習のうち、教師あり学習が扱う分類問題と回帰問題すべてができるようになります。

Column 機械学習が対象とする課題

機械学習が対象とする課題の種類は、大きく分けて次の2つです。目的に応じて使い分けることになります（図参照）。

●教師あり学習

「与えられたデータ（入力）から、そのデータがどのようなパターン（出力）になるのかを学習する」手法です。また、予測したいことも、**分類問題**と**回帰問題**の2種類に分けることができます。

たとえば、分類問題の場合、与えられた動物の写真が何の動物であるのかを予測します。一方、回帰問題では、お店の過去の売り上げから将来の売り上げを予測します。このように、教師あり学習は、入力と出力の間にどのような関係があるのかを学習する手法になります。

上記の例をみると、分類問題では動物のカテゴリー（連続しない値）を予測しているのに対して、回帰問題では売り上げ金額（連続した値）を予測しています。どのような問題であるかによって用いる手法が変わってきますので、注意が必要です。

●教師なし学習

教師あり学習では、入力と出力のデータがセットである必要がありましたが、教師なし学習で必要なのは入力のみで、出力のデータは必要ありません。つまり、教師なし学習では、教師（出力データ）が必要なく、「与えられたデータそのものが持つ構造や特徴を学習する」ことになります。

また、その種類も様々で、代表的なものは**クラスタリング**と**主成分分析**です。クラスタリングは、与えられたデータの中から似た特徴のデータをグループ化してデータの塊（クラスター）に分ける手法です。

たとえば、ネットショッピングの購入履歴からどういった顧客層が存在するのかを把握したい場合には、クラスタリングを用います。一方、主成分分析は、与えられたデータの特徴量間の関係性（相関）を分析し、相関を持つ多数の特徴量から、相関の無い少数の特徴量へと次元削減する手法です。次元削減で得られる特徴量のことを主成分といいます。イメージとして、身長と体重といった2次元データから肥満度を表す体格指数であるBody Mass Index（BMI）といった1次元データに変換（次元削減）することを思い浮かべてください。

機械学習では、入力するデータの特徴量が多く、次元が大きくなりがちですが、次元削減を行うことによって、学習にかかる時間的コストを軽減することができます。また、データの次元を我々人間が捉えることができる2次元あるいは3次元にまで次元削減することで、多次元のデータを可視化することができます。

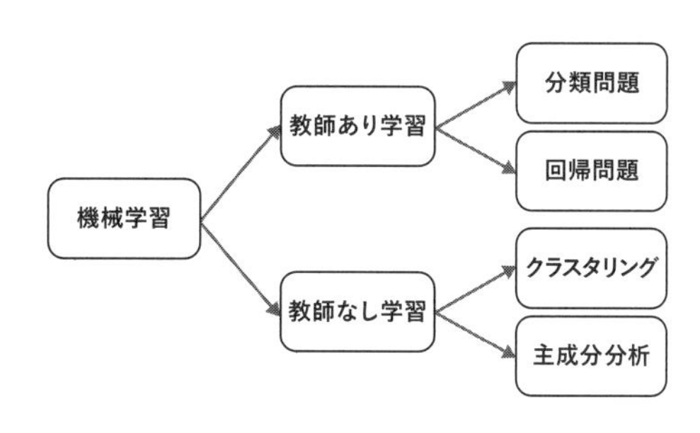

3.1 糖尿病(Diabetes)データセット

アヤメのデータセットと同様に、糖尿病データセットもscikit-learnから取得することができます。糖尿病をデータセットをscikit-learnから取得するには、以下のコマンドを実行します。

In:

```
# データセットのロード
from sklearn.datasets import load_diabetes
diabetes = load_diabetes()
```

糖尿病データセットの説明は、DESCR (DESCRiption) メソッドで確認することができます。

糖尿病データセットは、442人分の10種類の特徴量と、1年後の糖尿病進行度のスコアで構成されています。10種類の各特徴量は、次のとおりです。

・年齢 (age)
・性別 (sex)
・BMI (bmi)
・平均血圧 (bp)
・総コレステロール (s1)
・悪玉コレステロール (s2)
・善玉コレステロール (s3)
・甲状腺刺激ホルモン (s4)
・ラモトリギン (s5)
・血糖値 (s6)

In:

```
# データセットの説明
print(diabetes.DESCR)
```

Out:

```
.. _diabetes_dataset:

Diabetes dataset
----------------

Ten baseline variables, age, sex, body mass index, average blood
```

```
pressure, and six blood serum measurements were obtained for each of n =
442 diabetes patients, as well as the response of interest, a
quantitative measure of disease progression one year after baseline.

**Data Set Characteristics:**

  :Number of Instances: 442

  :Number of Attributes: First 10 columns are numeric predictive values

  :Target: Column 11 is a quantitative measure of disease progression one year
after baseline

  :Attribute Information:
      - age     age in years
      - sex
      - bmi     body mass index
      - bp      average blood pressure
      - s1      tc, T-Cells (a type of white blood cells)
      - s2      ldl, low-density lipoproteins
      - s3      hdl, high-density lipoproteins
      - s4      tch, thyroid stimulating hormone
      - s5      ltg, lamotrigine
      - s6      glu, blood sugar level

Note: Each of these 10 feature variables have been mean centered and scaled by
the standard deviation times `n_samples` (i.e. the sum of squares of each column
totals 1).

Source URL:
https://www4.stat.ncsu.edu/~boos/var.select/diabetes.html

For more information see:
Bradley Efron, Trevor Hastie, Iain Johnstone and Robert Tibshirani (2004) "Least
Angle Regression," Annals of Statistics (with discussion), 407-499.
(https://web.stanford.edu/~hastie/Papers/LARS/LeastAngle_2002.pdf)
```

Chapter 3

データを見やすくするため、糖尿病データセットをpandasのデータフレーム型に変換しましょう。

データの数値は標準化されているため、実際の生データではありません。標準化とは、各特徴量の平均値を0、分散を1となるように変換することで、特徴量を標準正規分布に従うように変換する手法です。

機械学習では、「入力されたそれぞれの特徴量がどのように変化したら、出力はどのように変化していくのか」を学習しています。しかし、各特徴量のスケールが異なる場合は、機械学習では各特徴量の変化を等しくとらえることができません。そこで、データを標準化をして分散をそろえておくことで、各特徴量の変化に対する感度を等しくすることができます。

In:

```
# データフレームに変換
import pandas as pd
df = pd.DataFrame(diabetes.data, columns=diabetes.feature_names)
# 1年後の進行度の追加
df['target'] = diabetes.target
print(df.head())
```

Out:

```
         age       sex       bmi        bp        s1        s2        s3        s4        s5        s6  target
0   0.038076  0.050680  0.061696  0.021872 -0.044223 -0.034821 -0.043401 -0.002592  0.019908 -0.017646   151.0
1  -0.001882 -0.044642 -0.051474 -0.026328 -0.008449 -0.019163  0.074412 -0.039493 -0.068330 -0.092204    75.0
2   0.085299  0.050680  0.044451 -0.005671 -0.045599 -0.034194 -0.032356 -0.002592  0.002864 -0.025930   141.0
3  -0.089063 -0.044642 -0.011595 -0.036656  0.012191  0.024991 -0.036038  0.034309  0.022692 -0.009362   206.0
4   0.005383 -0.044642 -0.036385  0.021872  0.003935  0.015596  0.008142 -0.002592 -0.031991 -0.046641   135.0
```

次に、describeメソッドを用いて、糖尿病データの個数、平均値、分散、最小値、最大値、などの基本統計量を計算します。"target"の列は1 年後の糖尿病進行度のスコアで、平均(mean) 152、標準偏差(std) 77、最小値(min) 25、最大値(max) 346であることがわかります。

In:

```
# 基本統計量の確認
print(df.describe())
```

Out:

	age	sex	bmi	...	s5	s6	target
count	4.420000e+02	4.420000e+02	4.420000e+02	...	4.420000e+02	4.420000e+02	442.000000
mean	-3.639623e-16	1.309912e-16	-8.013951e-16	...	-3.848103e-16	-3.398488e-16	152.133484
std	4.761905e-02	4.761905e-02	4.761905e-02	...	4.761905e-02	4.761905e-02	77.093005
min	-1.072256e-01	-4.464164e-02	-9.027530e-02	...	-1.260974e-01	-1.377672e-01	25.000000
25%	-3.729927e-02	-4.464164e-02	-3.422907e-02	...	-3.324879e-02	-3.317903e-02	87.000000
50%	5.383060e-03	-4.464164e-02	-7.283766e-03	...	-1.947634e-03	-1.077698e-03	140.500000
75%	3.807591e-02	5.068012e-02	3.124802e-02	...	3.243323e-02	2.791705e-02	211.500000
max	1.107267e-01	5.068012e-02	1.705552e-01	...	1.335990e-01	1.356118e-01	346.000000

続いて、糖尿病データセットをペアプロットsns.pairplotを使って図示します（図3-6）。ここでは、各特徴量と1年後の糖尿病進行度をプロットします。

In:

```
# データセットの可視化
import seaborn as sns
import matplotlib.pyplot as plt
sns.pairplot(df, x_vars=diabetes.feature_names, y_vars='target')
plt.show()
```

Out:

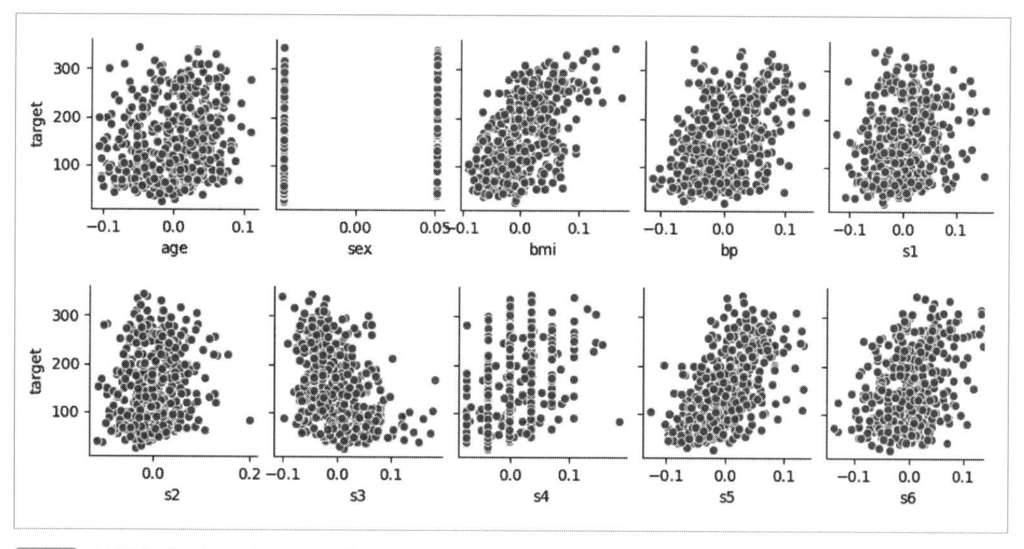

図3-6 糖尿病データセットにおける各特徴量と1年後の糖尿病進行度のプロット

3.2 前準備(パッケージのインポート)

ここからは、ディープラーニングの実装に入っていきます。

まずはじめに、糖尿病の予後予測を行うために必要なパッケージをインポートしましょう。

In:

```
# パッケージのインポート
import pandas as pd
import matplotlib.pyplot as plt
from sklearn.datasets import load_diabetes
from sklearn.model_selection import train_test_split
import torch
from torch.utils.data import TensorDataset, DataLoader
from torch import nn
import torch.nn.functional as F
from torch import optim
```

次に、scikit-learnの糖尿病データセットを読み込みます。

今回の回帰問題で使用する損失関数は、nn.MSELossでは引数となる二つの変数のサイズが同じである必要があります。そのため、reshape(-1, 1)で特徴量dataとラベルlabelのサイズをそろえています。

In:

```
# データセットの読み込み
diabetes = load_diabetes()
data = diabetes.data                          # 特徴量
label = diabetes.target.reshape(-1, 1)  # 1年後の糖尿病の進行度

# データセットのサイズの確認
print("data size: {}".format(data.shape))
print("label size: {}".format(label.shape))
```

Out:

```
data size: (442, 10)
label size: (442, 1)  # reshape前は(442,)
```

3.3 訓練データとテストデータの用意

scikit-learnの`train_test_split`を使って、読み込んだ糖尿病データセットを訓練データとテストデータに分けます。

以下の例では、8割（353/442）が訓練データ、2割（89/442）がテストデータとなるように分割しています。

In:

```
# 学習データとテストデータを分割
train_data, test_data, train_label, test_label = train_test_split(
    data, label, test_size=0.2)

# 学習データとテストデータのサイズの確認
print("train_data size: {}".format(len(train_data)))
print("test_data size: {}".format(len(test_data)))
print("train_label size: {}".format(len(train_label)))
print("test_label size: {}".format(len(test_label)))
```

Out:

```
train_data size: 353
test_data size: 89
train_label size: 353
test_label size: 89
```

次に、訓練データとテストデータをPyTorchで使えるように、Tensorに変換します。

今回の回帰問題で使用する損失関数は、平均二乗誤差損失（MSE）です。`nn.MSELoss`ではラベルを`torch.float32`のデータ型で渡す必要があるので注意してください。

In:

```
# ndarrayをPyTorchのTensorに変換
train_x = torch.Tensor(train_data)
test_x = torch.Tensor(test_data)
train_y = torch.Tensor(train_label)  # torch.float32のデータ型に
test_y = torch.Tensor(test_label)    # torch.float32のデータ型に
```

続いて、`TensorDataset`を使って、特徴量とラベルを結合したデータセットを作成します。

In:

```
# 特徴量とラベルを結合したデータセットを作成
train_dataset = TensorDataset(train_x, train_y)
test_dataset = TensorDataset(test_x, test_y)
```

さらに、データセットをミニバッチに分けます。

今回は、バッチサイズbatch_sizeを20に設定します。

In:

```
# ミニバッチサイズを指定したデータローダーを作成
train_batch = DataLoader(
    dataset=train_dataset,  # データセットの指定
    batch_size=20,          # バッチサイズの指定
    shuffle=True,           # シャッフルするかどうかの指定
    num_workers=2)          # コアの数
test_batch = DataLoader(
    dataset=test_dataset,
    batch_size=20,
    shuffle=False,
    num_workers=2)

# ミニバッチデータセットの確認
for data, label in train_batch:
    print("batch data size: {}".format(data.size()))    # バッチの入力データサイズ
    print("batch label size: {}".format(label.size()))  # バッチのラベルサイズ
    break
```

Out:

```
batch data size: torch.Size([20, 10])  # バッチサイズが20で特徴量が10つ
batch label size: torch.Size([20, 1])  # バッチサイズが20でラベルが1つ
```

3.4 ニューラルネットワークの定義

ニューラルネットワークを定義します。

ネットワークの構造をアヤメの分類の時よりも複雑にしてみましょう。

具体的には、2つの全結合層nn.Linearと、1つのドロップアウト層nn.Dropoutを追加します。ドロップアウト層を加えることで、過学習を抑えることができます。nn.Dropoutのpは、ドロップアウトする確率です。p=0.5に設定した場合、50%の確率でニューロンをドロップアウトさせます。

In:

```
# ニューラルネットワークの定義
class Net(nn.Module):
    def __init__(self, D_in, H, D_out):
```

```
        super(Net, self).__init__()
        self.linear1 = nn.Linear(D_in, H)
        self.linear2 = nn.Linear(H, H)  # 追加
        self.linear3 = nn.Linear(H, D_out)
        self.dropout = nn.Dropout(p=0.5)

    def forward(self, x):
        x = F.relu(self.linear1(x))
        x = F.relu(self.linear2(x))  # 追加
        x = F.relu(self.linear2(x))  # 追加
        x = self.dropout(x)          # 追加
        x = self.linear3(x)
        return x
```


次に、ニューラルネットワークのハイパーパラメータを設定します。

糖尿病データセットの特徴量は10種類あるため、入力次元D_inは10です。1年後の糖尿病進行度を推定するため、出力次元D_outは1です。さらに、隠れ層の次元Hを200、学習回数（エポック）epochを100回に設定します。

In:

```
# ハイパーパラメータの定義
D_in = 10     # 入力次元: 10
H = 200       # 隠れ層次元: 200
D_out = 1     # 出力次元: 1
epoch = 100   # 学習回数: 100
```

続いて、定義したニューラルネットワークを読み込みます。

GPU環境がない方でも、このコマンドを実行することで、CPU環境としてこの先進めていくことができます。

In:

```
# ネットワークのロード
# CPUとGPUのどちらを使うかを指定
device = torch.device('cuda' if torch.cuda.is_available() else 'cpu')
net = Net(D_in, H, D_out).to(device)
# デバイスの確認
print("Device: {}".format(device))
```

Out:

```
Device: cuda
```

3.5 損失関数と最適化関数の定義

最後に、損失関数と最適化関数を定義します。

最適化関数は、アヤメの分類で用いたAdam（optim.Adam）に設定します。また、今回は回帰問題のため、損失関数を平均二乗誤差（nn.MSELoss）にします。平均二乗誤差（MSE）はその名のとおり、二乗誤差を平均したものです。しかし、これでは、1年後の糖尿病進行度としてどれほど間違っていたのかが直感的にわかりづらいです。そこで、誤差として、より理解のしやすい平均絶対誤差（MAE）も参考のために算出します。平均絶対誤差は、プラスとマイナスのどちらにずれていたのかまでは分かりませんが、実際にどれほどの誤差であったのかが理解しやすいです。PyTorchにおいて、平均絶対誤差は、nn.L1Lossで計算することができます。

In:

```
# 損失関数の定義
criterion = nn.MSELoss()  # 今回の損失関数(平均二乗誤差： MSE)
criterion2 = nn.L1Loss()  # 参考用(平均絶対誤差： MAE)

# 最適化関数の定義
optimizer = optim.Adam(net.parameters())
```

学習準備はこれで完了です。

3.6 学習

いよいよ、ニューラルネットワークの学習に入っていきます。

アヤメの分類で計算していたラベルの正答率を平均絶対誤差に変更した以外は、コードの内容に変更はありません。

以下のコードを実行するとニューラルネットワークの学習が実行されます。

In:

```
# 損失を保存するリストを作成
train_loss_list = []  # 学習損失(MSE)
test_loss_list = []   # 評価損失(MSE)
train_mae_list = []   # 学習MAE
test_mae_list = []    # 評価MAE

# 学習(エポック)の実行
```

```
for i in range(epoch):
    # エポックの進行状況を表示
    print('---------------------------------------------')
    print("Epoch: {}/{}".format(i+1, epoch))

    # 損失の初期化
    train_loss = 0  # 学習損失(MSE)
    test_loss = 0   # 評価損失(MSE)
    train_mae = 0   # 学習MAE
    test_mae = 0    # 評価MAE

    # ---------学習パート--------- #
    # ニューラルネットワークを学習モードに設定
    net.train()
    # ミニバッチごとにデータをロードし学習
    for data, label in train_batch:
        # GPUにTensorを転送
        data = data.to(device)
        label = label.to(device)

        # 勾配を初期化
        optimizer.zero_grad()
        # データを入力して予測値を計算(順伝播)
        y_pred = net(data)
        # 損失(誤差)を計算
        loss = criterion(y_pred, label)  # MSE
        mae = criterion2(y_pred, label)  # MAE
        # 勾配の計算(逆伝搬)
        loss.backward()
        # パラメータ(重み)の更新
        optimizer.step()
        # ミニバッチごとの損失を蓄積
        train_loss += loss.item()  # MSE
        train_mae += mae.item()    # MAE

    # ミニバッチの平均の損失を計算
    batch_train_loss = train_loss / len(train_batch)
    batch_train_mae = train_mae / len(train_batch)
    # ---------学習パートはここまで--------- #

```

```
    # ---------評価パート--------- #
    # ニューラルネットワークを評価モードに設定
    net.eval()
    # 評価時の計算で自動微分機能をオフにする
    with torch.no_grad():
        for data, label in test_batch:
            # GPUにTensorを転送
            data = data.to(device)
            label = label.to(device)
            # データを入力して予測値を計算(順伝播)
            y_pred = net(data)
            # 損失(誤差)を計算
            loss = criterion(y_pred, label)  # MSE
            mae = criterion2(y_pred, label)  # MAE
            # ミニバッチごとの損失を蓄積
            test_loss += loss.item()  # MSE
            test_mae += mae.item()    # MAE

    # ミニバッチの平均の損失を計算
    batch_test_loss = test_loss / len(test_batch)
    batch_test_mae = test_mae / len(test_batch)
    # ---------評価パートはここまで--------- #

    # エポックごとに損失を表示
    print("Train_Loss: {:.4f} Train_MAE: {:.4f}".format(
        batch_train_loss, batch_train_mae))
    print("Test_Loss: {:.4f} Test_MAE: {:.4f}".format(
        batch_test_loss, batch_test_mae))
    # 損失をリスト化して保存
    train_loss_list.append(batch_train_loss)
    test_loss_list.append(batch_test_loss)
    train_mae_list.append(batch_train_mae)
    test_mae_list.append(batch_test_mae)
```

Out:

```
--------------------------------------------
Epoch: 1/100
Train_Loss: 27942.0368 Train_MAE: 148.6651
Test_Loss: 33273.5137 Test_MAE: 164.6294
```

```
--------------------------------------------
Epoch: 2/100
Train_Loss: 26105.5414 Train_MAE: 142.5335
Test_Loss: 28511.5438 Test_MAE: 149.6040
--------------------------------------------
Epoch: 3/100
Train_Loss: 17815.0728 Train_MAE: 109.6373
Test_Loss: 13448.1678 Test_MAE: 90.1616
--------------------------------------------
. . .
--------------------------------------------
Epoch: 100/100
Train_Loss: 2970.7980 Train_MAE: 43.6444
Test_Loss: 2911.2877 Test_MAE: 43.0939
```

出力をみると、エポック100回目で平均絶対誤差Test_MAEが43.1になっています。つまり、1年後の糖尿病進行度の予測は、±43.1の誤差で予測できることが分かりますね。

3.7 結果の可視化

学習が終わりましたので、結果の可視化を行いましょう。

訓練データとテストデータに対するエポックごとの損失（平均二乗誤差（MSE））と平均絶対誤差（MAE）をプロットします（図3-7）。

In:

```
# 損失(MSE)
plt.figure()
plt.title('Train and Test Loss')
plt.xlabel('Epoch')
plt.ylabel('Loss')
plt.plot(range(1, epoch+1), train_loss_list, color='blue',
         linestyle='-', label='Train_Loss')
plt.plot(range(1, epoch+1), test_loss_list, color='red',
         linestyle='--', label='Test_Loss')
plt.legend()  # 凡例

# MAE
```

```
plt.figure()
plt.title('Train and Test MAE')
plt.xlabel('Epoch')
plt.ylabel('MAE')
plt.plot(range(1, epoch+1), train_mae_list, color='blue',
         linestyle='-', label='Train_MAE')
plt.plot(range(1, epoch+1), test_mae_list, color='red',
         linestyle='--', label='Test_MAE')
plt.legend()  # 凡例

# 表示
plt.show()
```

Out:

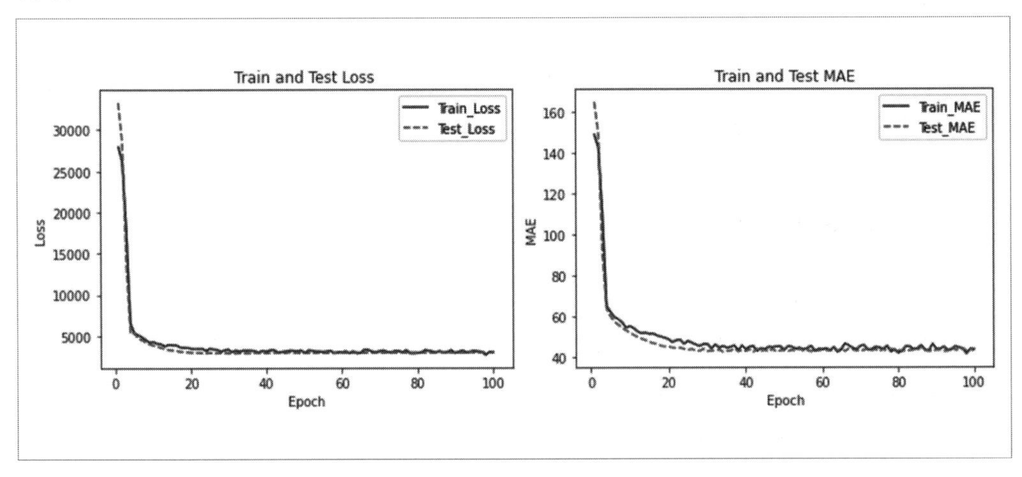

図3-7 エポックごとの損失(平均二乗誤差(MSE))と平均絶対誤差(MAE)の変化(学習曲線)

ここまで、糖尿病データセットを用いて1年後の糖尿病の進行度を予測しました。回帰問題であっても、基本的な流れや実装方法はアヤメの分類の時とほとんど変わらず、必要に応じて少しコードを変更することで対応できたかと思います。

この章で取り組んだディープラーニング実装の基本的な流れや方法を頭に入れておけば、これ以降の章も理解しやすいですし、他の人が書いたコードも読むことができるようになります。そのためにも、本章のニューラルネットワークの基本をしっかりおさえておきましょう。

Chapter 3 まとめ　ニューラルネットワークの基本

☑ この章では、以下のことを学びました。

1　**ニューラルネットワークについて**

☐ 人間の脳神経回路をモデルにして人間のような学習を実現する「ニューラルネットワーク」について、ニューラルネットワークを多層にしたモデル「ディープニューラルネットワーク」、このディープニューラルネットワークを用いて認識したい対象物の特徴量を自ら学習（取得）する手法「ディープラーニング（深層学習）」を学びました。

2　**アヤメの分類【サンプルコード】**

☐ アヤメ（Iris）のデータセットを利用し、前準備からニューラルネットワークの定義、結果の可視化まで、ディープラーニングの実装方法を通して、アヤメの分類問題を学びました。

3　**糖尿病の予後予測【サンプルコード】**

☐ 糖尿病（Diabetes）のデータセットを利用し、前準備からニューラルネットワークの定義、結果の可視化まで、ディープラーニングの実装方法をを通して、糖尿病の回帰問題を学びました。

畳み込みニューラルネットワーク　～画像分類プログラムを作る～

本章では、画像認識の分野でよく用いられるニューラルネットワークである、畳み込みニューラルネットワーク（CNN）の概要について説明していきます。

ディープラーニングの中でも、画像データを対象とする研究は以前から特に活発で、いまだに技術が発展し続けている分野です。この章では、CNNとはどのような構造をしていて、どのようなことをするのかを理解していきましょう。

1 畳み込みニューラルネットワークについて

学習目標

- **畳み込みニューラルネットワーク（CNN）の構造の理解**
- **畳み込み層の役割の理解**
- **プーリング層の役割の理解**

使用ファイル

なし

ここでは、機械学習の画像分類に挑戦します。

これまで取り組んだアヤメや糖尿病の特徴量は1次元でしたが、画像データは縦横の2次元データです。さらに、画像はRGBといった色の情報を持つため、実際には3次元のデータとなります。Chapter3で扱ったニューラルネットワークでも、画像の分類は可能です。しかし、ニューラルネットワークでは入力を1次元にする必要があるため、3次元の画像を1次元にしなくてはなりません。

このやり方では画像が持っている重要な位置情報が失われてしまうため、3次元のままでニューラルネットワークに入力して学習・評価をしたいですよね。

このような問題を解決するために考案されたのが、畳み込みニューラルネットワーク（convolutional neural network：CNN）です。

CNNは、画像認識の分野でよく用いられるニューラルネットワークで、画像を3次元のまま扱うことができます。また、新たに2種類の層を用いることで人間の視覚を模しています。図4-1は、2012年にイメージネット画像認識コンテスト（ILSVRC）で優勝したAlexNet（アレックスネット）であり、CNNの1つです。これまでのニューラルネットワークと違う点は、入力が三次元であることに加えて、新たに「畳み込み層（convolution layer）」と「プーリング層（pooling layer）」が追加された点です。

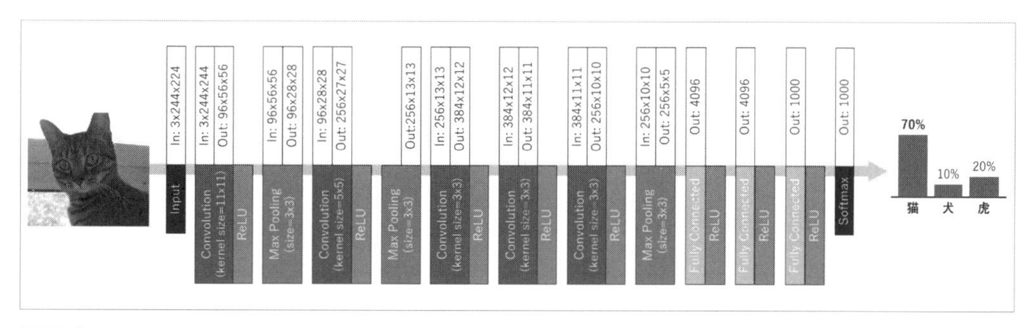

図4-1 AlexNetのネットワーク構成

図4-1のAlexNetのように、CNNは畳み込み層とプーリング層を交互に繰り返し用いており、最後に全結合層を経て結果が出力されます。では、畳み込み層やプーリング層では何が行われているのかをみていきましょう。

1.1 畳み込み層（Convolutional Layer）

畳み込みは、カーネル（kernel）と呼ばれるフィルタを用いて画像の特徴を抽出する操作です。画像処理でいうフィルタ処理にあたります。

たとえば、図4-2のような4×4の画像と3×3のカーネルがあったとします。畳み込み層では、それぞれのマスに対応する画像とカーネルの値をそれぞれかけ合わせて合算するという計算を、このフィルタを画像の左上から右や下に1マスずつずらしては繰り返していきます（ストライドが1）。

このようにして得られた新たな2次元のデータを特徴マップといいます。カーネル内の値によって抽出される画像の特徴は変わっていきますが、CNNでは、画像を認識するにはどのような

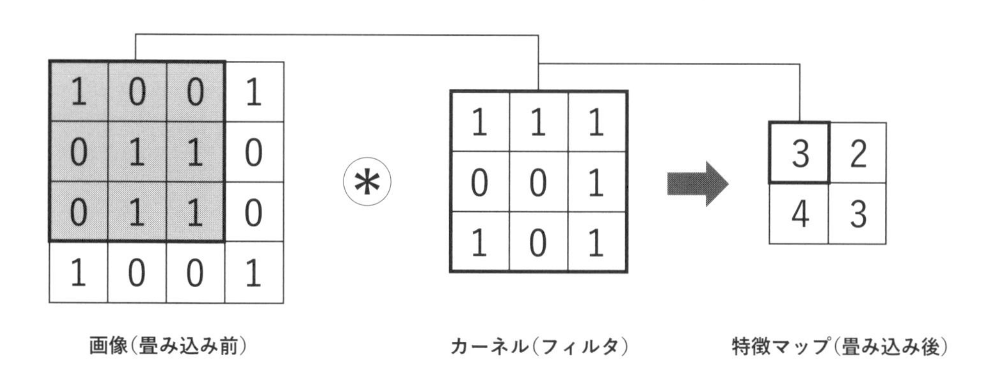

図4-2 畳み込み

カーネルの値を用いればいいのか学習することになります。つまり、**カーネル内の値こそがニューラルネットワークのパラメータ（重み）**になります。

人間は物体の位置が変わったとしても、それを同じ物体であると判断できます。しかし、畳み込みを用いないニューラルネットワークでは入力の位置がずれてしまうため、同じ物体でも全く別の入力として扱われることになります。CNNの畳み込み処理は、人間の視覚野が持つ局所受容野をモデルしています。そのため、この処理を追加することで、物体の位置ずれに強いニューラルネットワークを作ることができます（移動不変性の獲得）。

1.2 プーリング層（Pooling Layer）

プーリングとは決められた演算のみを行うことで、ダウンサンプリングともいわれます。画像のサイズを決められたルールに従って小さくするのがプーリング層の役割になります。

畳み込み層では、カーネルの値がニューラルネットワークの学習の過程で更新されますが、プーリング層ではそのような学習パラメータを持ちません。画像（特徴マップ）の最大値、あるいは平均値をとるといった決められた演算のみを実行します。プーリングによって画像のサイズが小さくなるため、ダウンサンプリングあるいはサブプーリングともいいます。図4-3は、最大値をプーリングする層にmax プーリング層を用いて、画像の最大値を2×2になるように抽出しています（ストライドが2）。このプーリング処理も畳み込みと同様に、画像のずれに対するロバスト性の獲得に貢献しています。

ここでいう画像のずれに対するロバスト性とは、同じ画像で位置がずれていたとしても、全く同じ画像であると認識できる、言い換えれば「画像の位置ずれに強く、その影響を受けにくい」状態のことを指します。

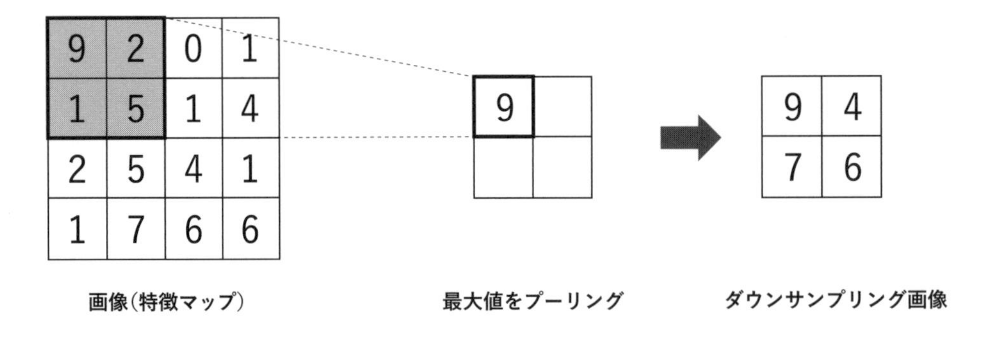

図4-3 maxプーリング

2 CIFAR-10データセットの画像分類【サンプルコード】

この節では、畳み込みニューラルネットワーク（CNN）を用いたCIFAR-10データセットの画像分類に取り組みます。CNNの実装を取得することで、画像を用いた課題にも取り込むができるようになります。

学習目標

- **torchvisionを用いたデータセットの読み込み**
- **畳み込みニューラルネットワーク（CNN）の実装**

使用ファイル

Section4-2.ipynb

CIFAR-10データセットにはラベル付けされた6万枚の画像があり、1枚の画像は32×32のカラー画像です。また、クラスは全部で10クラスであり、そのクラスとラベル番号は次のとおりです。

- 飛行機（airplane: 0）
- 自動車（automobile: 1）
- 鳥（bird: 2）
- 猫（cat: 3）
- 鹿（deer: 4）
- 犬（dog: 5）
- カエル（frog: 6）
- 馬（horse: 7）
- 船（ship: 8）
- トラック（truck: 9）

このCIFAR-10データセットをCNNで画像分類していきましょう。

2.1 前準備(パッケージのインポート)

まずはじめに、画像分類を行うために必要となるパッケージをインポートしましょう。

In:

```
# パッケージのインポート
import numpy as np
import matplotlib.pyplot as plt
import torch
import torchvision
import torchvision.transforms as transforms
from torch.utils.data import TensorDataset, DataLoader
from torch import nn
import torch.nn.functional as F
from torch import optim
```

2.2 訓練データとテストデータの用意

先ほど紹介したCIFAR-10データセットを取得します。torchvisionには主要なデータセットがすでに用意されており、データセットのダウンロードから前処理までを実行することができます。

CIFAR-10データセットの画像は、カラー画像(チャネルが3)で、サイズが32×32の3次元データです。torchvisionに用意されている画像の形状は「縦×横×チャネル数」ですが、PyTorchを扱う場合は「チャネル数×縦×横」にする必要があります。この次元の入れ替えは`transforms.ToTensor`で行うことができます。

また、画像の前処理は`transforms.Normalize`を用いることで実行でき、RGBそれぞれに対して標準化するための平均値と標準偏差をリストで指定します。これらの前処理コマンドを順番に、`transforms.Compose`にリストとして渡すことで、順に前処理を実行することができます。

例として、学習データの画像を1枚取り出して画像サイズとラベルを確認してみましょう。

In:

```
# CIFAR10データセットの読み込み
train_dataset = torchvision.datasets.CIFAR10(root='./data/', # データの保存場所
                                             train=True,      # 学習データかどうか
                                             download=True,   # ダウンロードするかどうか
                                             transform=transforms.Compose([
```

```
                                                     transforms.ToTensor(),
                                                     transforms.Normalize(
                                                      [0.5, 0.5, 0.5],  # RGBの平均
                                                      [0.5, 0.5, 0.5],  # RGBの標準偏差
                                                     )
                                                 ]))

test_dataset = torchvision.datasets.CIFAR10(root='./data/',
                                            train=False,
                                            download=True,
                                            transform=transforms.Compose([
                                                transforms.ToTensor(),
                                                transforms.Normalize(
                                                    [0.5, 0.5, 0.5],  # RGBの平均
                                                    # RGBの標準偏差
                                                    [0.5, 0.5, 0.5],
                                                )
                                            ]))

# train_datasetの中身を確認
image, label = train_dataset[0]
print("image size: {}".format(image.size()))  # 画像サイズ
print("label: {}".format(label))              # ラベルサイズ
```

Out:

```
image size: torch.Size([3, 32, 32])
label: 6
```

画像サイズはチャネル数3×縦32×横32であり、その画像のラベルは6（カエル）であることが分かりますね。

次に、読み込んだデータセットからミニバッチを作成します。

バッチを大きくするほど学習時間を短縮することができます。しかし、扱うデータが画像の場合は、バッチサイズを大きくしすぎるとメモリがパンクし、「Torch: not enough memory: ...」とエラーが起きる場合があります。もしもこのようなエラーが起きる場合は、バッチサイズ`batch_size`を小さくしてください。

以下の例では、バッチサイズを64にしています。そのため、1つのミニバッチの画像形状はバッチサイズ64×チャネル数3×縦32×横32になっています。

In:

```
# ミニバッチサイズを指定したデータローダーを作成
train_batch = torch.utils.data.DataLoader(dataset=train_dataset,
                                          batch_size=64,
                                          shuffle=True,
                                          num_workers=2)
test_batch = torch.utils.data.DataLoader(dataset=test_dataset,
                                         batch_size=64,
                                         shuffle=False,
                                         num_workers=2)

# ミニバッチデータセットの確認
for images, labels in train_batch:
    print("batch images size: {}".format(images.size()))  # バッチの画像サイズ
    print("image size: {}".format(images[0].size()))      # 1枚の画像サイズ
    print("batch labels size: {}".format(labels.size()))  # バッチのラベルサイズ
    break
```

Out:

```
batch images size: torch.Size([64, 3, 32, 32])
image size: torch.Size([3, 32, 32])
batch labels size: torch.Size([64])
```

続いて、CIFAR-10データセットの画像を表示してみましょう（図4-4）。

学習データ`train_batch`のミニバッチから32枚の画像を取り出して、縦横が4×8となるように表示します。1つの画像に複数の画像を表示する際には、matplotlibの`plt.subplot`を使うとよいです。matplotlibでは、画像の次元の順番を「縦×横×チャネル数」にする必要があります。そのため、NumPyの`np.transpose`でもともと「チャネル数（0）×縦（1）×横（2）」であった次元の順番を、「縦（1）×横（2）×チャネル数（0）」に並び替えています。通常、matplotlibで画像を表示すると自動的に目盛りがついてきますが、今回はデータセット内の画像が見れればよいので、`plt.axis("off")`で目盛り線を消しておきます。

In:

```
# 画像の確認
classes = ['plane', 'car', 'bird', 'cat', 'deer',
           'dog', 'frog', 'horse', 'ship', 'truck']  # CIFAR10のクラス

for images, labels in train_batch:
```

```
    for i in range(32):                    # 32枚の画像を表示
        image = images[i] / 2 + 0.5        # 標準化を解除
        image = image.numpy()              # Tensorからndarrayへ
        plt.subplot(4, 8, i+1)             # 4x8となるようにプロット
        plt.imshow(np.transpose(image, (1, 2, 0)))  # matplotlibでは(縦, 横, チャネル)の順
        plt.title(classes[labels[i]])  # ラベルをタイトルに
        plt.axis('off')  # 目盛を消去
    plt.show()  # 表示
    break
```

Out:

図4-4 CIFAR-10データセット

2.3 ニューラルネットワークの定義

続いて、CNNの代表例であるAlexNetを真似してニューラルネットワークを定義します。

AlexNetは5つの畳み込み層と3つの全結合層からなる、全8層のCNNです。

`__init__`メソッドのところで一度、画像特徴量を抽出するパート`self.features`と、画像を分類するパート`self.classifier`に分けてにネットワークを定義しています。

まず、入力画像がself.featuresに入力されると、特徴マップ（画像特徴量）が抽出されます。self.featuresから出力された特徴マップは3次元ですので、次の画像分類担当self.classfierのために特徴マップを3次元から1次元に変換します。1次元に変換された特徴マップをもとに、self.classiferは入力された画像を分類します。CIFAR-10データセットのクラスは全部で10個ですので、出力層nn.Linear(4096, num_classes)の出力は10個です。

In:

```
# ニューラルネットワークの定義
num_classes = 10  # CIFAR10のクラスの数を指定


class AlexNet(nn.Module):
    def __init__(self, num_classes=num_classes):
        super(AlexNet, self).__init__()
        self.features = nn.Sequential(
            nn.Conv2d(3, 64, kernel_size=7, padding=2),  # 畳み込み層
            nn.ReLU(inplace=True),                       # 活性化関数
            nn.MaxPool2d(kernel_size=2),                 # プーリング層
            nn.Conv2d(64, 192, kernel_size=5, padding=2),
            nn.ReLU(inplace=True),
            nn.MaxPool2d(kernel_size=2),
            nn.Conv2d(192, 384, kernel_size=3, padding=1),
            nn.ReLU(inplace=True),
            nn.Conv2d(384, 256, kernel_size=3, padding=1),
            nn.ReLU(inplace=True),
            nn.Conv2d(256, 256, kernel_size=3, padding=1),
            nn.ReLU(inplace=True),
            nn.MaxPool2d(kernel_size=2),
        )
        self.classifier = nn.Sequential(
            nn.Dropout(),  # ドロップアウト層
            nn.Linear(256 * 3 * 3, 4096),
            nn.ReLU(inplace=True),
            nn.Dropout(),
            nn.Linear(4096, 4096),
            nn.ReLU(inplace=True),
            nn.Linear(4096, num_classes),
```

```
        )

    def forward(self, x):
        x = self.features(x)                    # 画像特徴量抽出パート
        x = x.view(x.size(0), 256 * 3 * 3)  # 3次元から1次元に変えて全結合層へ
        x = self.classifier(x)                  # 画像分類パート
        return x


# ネットワークのロード
# CPUとGPUのどちらを使うかを指定
device = torch.device('cuda' if torch.cuda.is_available() else 'cpu')
net = AlexNet().to(device)
print(net)
# デバイスの確認
print("Device: {}".format(device))
```

Out:

```
AlexNet(
  (features): Sequential(
    (0): Conv2d(3, 64, kernel_size=(7, 7), stride=(1, 1), padding=(2, 2))
    (1): ReLU(inplace=True)
    (2): MaxPool2d(kernel_size=2, stride=2, padding=0, dilation=1, ceil_
mode=False)
    (3): Conv2d(64, 192, kernel_size=(5, 5), stride=(1, 1), padding=(2, 2))
    (4): ReLU(inplace=True)
    (5): MaxPool2d(kernel_size=2, stride=2, padding=0, dilation=1, ceil_
mode=False)
    (6): Conv2d(192, 384, kernel_size=(3, 3), stride=(1, 1), padding=(1, 1))
    (7): ReLU(inplace=True)
    (8): Conv2d(384, 256, kernel_size=(3, 3), stride=(1, 1), padding=(1, 1))
    (9): ReLU(inplace=True)
    (10): Conv2d(256, 256, kernel_size=(3, 3), stride=(1, 1), padding=(1, 1))
    (11): ReLU(inplace=True)
    (12): MaxPool2d(kernel_size=2, stride=2, padding=0, dilation=1, ceil_
mode=False)
  )
  (classifier): Sequential(
    (0): Dropout(p=0.5, inplace=False)
    (1): Linear(in_features=2304, out_features=4096, bias=True)
```

```
    (2): ReLU(inplace=True)
    (3): Dropout(p=0.5, inplace=False)
    (4): Linear(in_features=4096, out_features=4096, bias=True)
    (5): ReLU(inplace=True)
    (6): Linear(in_features=4096, out_features=10, bias=True)
  )
)
Device: cuda
```

2.4 損失関数と最適化関数の定義

最後に、損失関数と最適化関数を定義します。

今回は10クラス分類ですので、損失関数としてソフトマックス交差エントロピー損失nn.CrossEntropyLossを使用します。最適化関数は、これまでと同じoptim.Adamに設定します。

```
# 損失関数の定義
criterion = nn.CrossEntropyLoss()

# 最適化関数の定義
optimizer = optim.Adam(net.parameters())
```

2.5 学習

準備が完了しましたので、構築したニューラルネットワークの学習および検証を実施していきましょう。

今回の問題は、あくまでも様々な種類の画像分類でしたね。つまり、分類問題にすぎません。そのため、ニューラルネットワークとしてCNNを定義したとしても、この部分のコードはアヤメの分類の時とほとんど変わりません。ただし、学習時間は大幅に異なります。なぜなら、アヤメの分類の時の特徴量はせいぜい4つしかありませんでしたが、今回使用した特徴量となるCIFAR-10データセットの画像は、3×32×32（=3072）とアヤメの768倍です。さらに、画像分類のために構築したニューラルネットワークの構造も複雑です。特に計算時間がかかるのは、畳み込み層で行われている畳み込み処理です。そのため、GPUを用いた場合、アヤメの分類時の学習時間は学習回数が100回でも30秒しかかかりませんでした。しかし、CIFAR-10の画像分類では、エポック10回の場合でも約8分の時間を要し、エポック1回あたりの時間はアヤメの分類時の160倍かかります。それだけ、画像分類のための計算コストは高いのです。

In:

```
# 損失と正解率を保存するリストを作成
train_loss_list = []       # 学習損失
train_accuracy_list = []   # 学習データの正答率
test_loss_list = []        # 評価損失
test_accuracy_list = []    # テストデータの正答率

# 学習(エポック)の実行
epoch = 10
for i in range(epoch):
    # エポックの進行状況を表示
    print('---------------------------------------------')
    print("Epoch: {}/{}".format(i+1, epoch))

    # 損失と正解率の初期化
    train_loss = 0       # 学習損失
    train_accuracy = 0   # 学習データの正答数
    test_loss = 0        # 評価損失
    test_accuracy = 0    # テストデータの正答数

    # ---------学習パート--------- #
    # ニューラルネットワークを学習モードに設定
    net.train()
    # ミニバッチごとにデータをロードし学習
    for images, labels in train_batch:
        # GPUにTensorを転送
        images = images.to(device)
        labels = labels.to(device)

        # 勾配を初期化
        optimizer.zero_grad()
        # データを入力して予測値を計算(順伝播)
        y_pred_prob = net(images)
        # 損失(誤差)を計算
        loss = criterion(y_pred_prob, labels)
        # 勾配の計算(逆伝搬)
```

Chapter 4

```
        loss.backward()
        # パラメータ(重み)の更新
        optimizer.step()

        # ミニバッチごとの損失を蓄積
        train_loss += loss.item()

        # 予測したラベルを予測確率y_pred_probから計算
        y_pred_labels = torch.max(y_pred_prob, 1)[1]
        # ミニバッチごとに正解したラベル数をカウント
        train_accuracy += torch.sum(y_pred_labels == labels).item() / len(labels)

    # エポックごとの損失と正解率を計算(ミニバッチの平均の損失と正解率を計算)
    epoch_train_loss = train_loss / len(train_batch)
    epoch_train_accuracy = train_accuracy / len(train_batch)
    # ---------学習パートはここまで--------- #

    # ---------評価パート--------- #
    # ニューラルネットワークを評価モードに設定
    net.eval()
    # 評価時の計算で自動微分機能をオフにする
    with torch.no_grad():
        for images, labels in test_batch:
            # GPUにTensorを転送
            images = images.to(device)
            labels = labels.to(device)
            # データを入力して予測値を計算(順伝播)
            y_pred_prob = net(images)
            # 損失(誤差)を計算
            loss = criterion(y_pred_prob, labels)
            # ミニバッチごとの損失を蓄積
            test_loss += loss.item()

            # 予測したラベルを予測確率y_pred_probから計算
            y_pred_labels = torch.max(y_pred_prob, 1)[1]
            # ミニバッチごとに正解したラベル数をカウント
            test_accuracy += torch.sum(y_pred_labels == labels).item() / 
len(label)
    # エポックごとの損失と正解率を計算(ミニバッチの平均の損失と正解率を計算)
```

```
    epoch_test_loss = test_loss / len(test_batch)
    epoch_test_accuracy = test_accuracy / len(test_batch)
    # ---------評価パートはここまで--------- #

    # エポックごとに損失と正解率を表示
    print("Train_Loss: {:.4f}, Train_Accuracy: {:.4f}".format(
        epoch_train_loss, epoch_train_accuracy))
    print("Test_Loss: {:.4f}, Test_Accuracy: {:.4f}".format(
        epoch_test_loss, epoch_test_accuracy))

    # 損失と正解率をリスト化して保存
    train_loss_list.append(epoch_train_loss)
    train_accuracy_list.append(epoch_train_accuracy)
    test_loss_list.append(epoch_test_loss)
    test_accuracy_list.append(epoch_test_accuracy)
```

Out:

```
--------------------------------------------
Epoch: 1/10
Train_Loss: 1.8207, Train_Accuracy: 0.2937
Test_Loss: 1.5921, Test_Accuracy: 0.3919
--------------------------------------------
Epoch: 2/10
Train_Loss: 1.5454, Train_Accuracy: 0.4248
Test_Loss: 1.3997, Test_Accuracy: 0.4828
--------------------------------------------
Epoch: 3/10
Train_Loss: 1.4147, Train_Accuracy: 0.4818
Test_Loss: 1.3437, Test_Accuracy: 0.5129
--------------------------------------------
. . .
--------------------------------------------
Epoch: 10/10
Train_Loss: 0.9666, Train_Accuracy: 0.6577
Test_Loss: 1.0081, Test_Accuracy: 0.6487
```

10回の学習の結果、テストデータの正答率は68.4%でした。

2.6 結果の可視化

学習が終わりましたので、結果の可視化を行いましょう。

訓練データとテストデータに対する、エポックごとの損失と正答率をプロットします（図4-5）。

In:

```
# 損失
plt.figure()
plt.title('Train and Test Loss')  # タイトル
plt.xlabel('Epoch')  # 横軸名
plt.ylabel('Loss')   # 縦軸名
plt.plot(range(1, epoch+1), train_loss_list, color='blue',
         linestyle='-', label='Train_Loss')  # Train_lossのプロット
plt.plot(range(1, epoch+1), test_loss_list, color='red',
         linestyle='--', label='Test_Loss')  # Test_lossのプロット
plt.legend()  # 凡例

# 正解率
plt.figure()
plt.title('Train and Test Accuracy')  # タイトル
plt.xlabel('Epoch')      # 横軸名
plt.ylabel('Accuracy')  # 縦軸名
plt.plot(range(1, epoch+1), train_accuracy_list, color='blue',
         linestyle='-', label='Train_Accuracy')  # Train_lossのプロット
plt.plot(range(1, epoch+1), test_accuracy_list, color='red',
         linestyle='--', label='Test_Accuracy')  # Test_lossのプロット
plt.legend()

# 表示
plt.show()
```

Out:

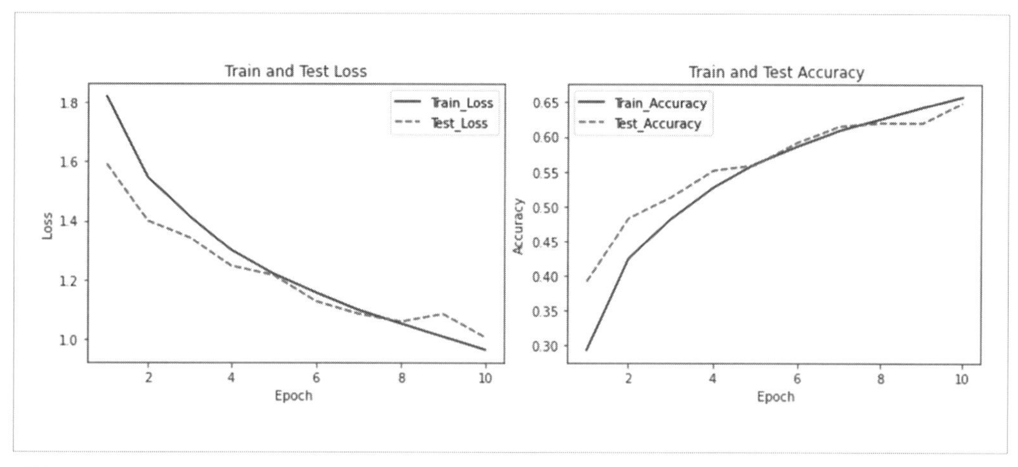

図4-5 **エポックごとの損失と正解率の変化**

では実際に、学習したCNNがどの画像をどのように分類したのかを確認しましょう。

図4-6はCNNに入力された画像です。おのおのの画像の上には、CNNが分類したラベルが、さらにその右横にはカッコ書きで正解のラベルが表示されています。正解している場合はラベル名を緑色に、間違えている場合にはラベルを赤色に表示しています。

図4-6 **予測ラベルと正解ラベルの比較(緑：正解、赤：不正解、カッコ()内が正解ラベル)**

機械学習をする上で損失や正答率の値を評価することは重要ですが、機械学習がどのように間違えたのかを評価することもまた重要です。

たとえば、図4-6の真ん中下のカエル（frog）を猫（cat）と間違えています。これはカエルと答えて欲しいところですよね。また、左下の車（car）はトラック（truck）と間違っています。トラックも車の1つですし、タイヤやドア、テールライトがある点は車もトラックも同じです。さらに、画像の車はドアが全開です。このような車であってもトラックではなく、正確に車と判断すべきでしょうか？ もしも、このような状態の車を分類するつもりがない、あるいは期待をしていない場合はデータセットから省く、といったある種外れ値を外すようなこともディープラーニングを実装する上で重要なことです。

In:

```
# 分類した画像を確認
# CIFAR10のクラス
classes = ['plane', 'car', 'bird', 'cat', 'deer',
           'dog', 'frog', 'horse', 'ship', 'truck']

# ニューラルネットワークを評価モードに設定
net.eval()
# 推定時の計算で自動微分機能をオフにする
with torch.no_grad():
    for images, labels in test_batch:
        # GPUにTensorを転送
        images = images.to(device)
        labels = labels.to(device)
        # データを入力して予測値を計算(順伝播)
        y_pred_prob = net(images)
        # 予測したラベルを予測確率y_pred_probから計算
        y_pred_labels = torch.max(y_pred_prob, 1)[1]

        for i in range(9):                   # 9枚の画像を表示
            image = images[i] / 2 + 0.5      # 標準化を解除
            image = image.to('cpu').numpy()  # CPUにTensorを渡してからndarrayへ変換
            plt.subplot(3, 3, i+1)           # 5x8となるようにプロット
            # matplotlibでは(縦, 横, チャネル)の順
            plt.imshow(np.transpose(image, (1, 2, 0)))
            plt.title(classes[labels[i]])  # ラベルをタイトルに
            plt.title("{} ({})".format(classes[y_pred_labels[i].item()],
                                       classes[labels[i].item()]),
```

```
                    color=('green' if y_pred_labels[i] == labels[i] else
'red'))  # ラベルをタイトルに
            plt.axis('off')  # 目盛を消去
        plt.show()           # 表示
        break
```

ここまで、単純なニューラルネットワークから画像分類もできる畳み込みニューラルネットワーク（CNN）を紹介しました。基本的なことはChapter3の**アヤメの分類【サンプルコード】**と変わりませんが、CNNの学習には非常に時間がかかることが分かってもらえたと思います。対策としてはマシンスペックをあげることも1つの手ですが、今度はお金というコストがかかってきます。では、他にどんな対策が考えられるでしょうか。

たとえば、すでに画像分類の学習をしているニューラルネットワークがあればどうでしょうか？それを使って自身のデータセットにチューニングするように学習させることができれば、計算コストが減らせると思いませんか？ 実は、そのような手法はすでに存在しています。その名を「**転移学習**」と呼びます。転移学習はPyTorchでも実装することができます。この転移学習の実装方法については、次節で詳しく紹介します。

Chapter 4

3 CIFAR-10データセットの転移学習【サンプルコード】

ここでは、転移学習という手法を用いた画像分類方法について解説していきます。

転移学習は、学習済みのニューラルネットワークを関係のない他の課題に適応する手法です。学習データが少なくても複雑なネットワークのパラメータを最適化できる上に、通常の方法よりも比較的に短時間で学習することができます。

学習目標

- **学習済みのモデルの読み込み**
- **学習済みのモデルの出力層の変更**
- **出力層の全結合層パラメータのみを学習させ、転移学習を実装**

使用ファイル

Section4-3.ipynb

ディープラーニングの発展に伴って、深層なニューラルネットワークを使って学習することができるようになり、性能も急激に向上しました。その一方で、学習すべきパラメータ（重み）が膨大に増え、計算量も大幅に増えました。現在、計算量を減らすようなニューラルネットワークのモデルが研究されていますが、それでもなお、計算コストは依然大きく、高性能のマシンスペックが必要です。当然ながらその費用は高いため、個人レベルでの使用はおろか、ディープラーニングを使うことを断念する企業も少なくありません。

ディープラーニングを用いたニューラルネットワークによる予測で必要なのは、最適化されたネットワークの重みです。この最適な重みを得るために、膨大な計算量と学習時間が必要になるのです。そこで、学習済みのネットワークがあり、それを使うことができれば学習というステップも、問題となっていた計算コストも気にする必要がなくなります。

PyTorchではすでに学習済みのニューラルネットワークモデルが公開されており、誰でも利用することができます。もちろん、その学習済みのモデルは自身が扱う手元のデータセットを学習したことがないため、そのままではよい結果はでません。そこで、新たに層を付け加えたり、付け替えたりすることで、その部分の層のみを自身のデータセットに対して学習し、重みを最適化（ファインチューニング）します。こうすることで、計算コストは少ないまま高性能ニューラルネットワークを得ることができます。

このように、学習済みのニューラルネットワークのパラメータを利用して、別の新たな課題の予測のために学習をし、一部の層のパラメータのみを更新する方法を「転移学習」といいます。

3.1 前準備（パッケージのインポート）

まずはじめに、移転学習を行うために必要となるパッケージをインポートしましょう。

学習済みニューラルネットワークはtorchvisionのmodelメソッドで取得できます。

In:

```
# パッケージのインポート
import numpy as np
import matplotlib.pyplot as plt
import torch
import torchvision
from torchvision import models
import torchvision.transforms as transforms
from torch.utils.data import TensorDataset, DataLoader
from torch import nn
import torch.nn.functional as F
from torch import optim
```

3.2 訓練データとテストデータの用意

使用するデータセットは、**CIFAR-10データセットの画像分類【サンプルコード】**で使用したのと同じものを使います。ただし、学習済みのニューラルネットワークの入力はもともと縦224×横224の画像です。そのため、CIFAR-10データセットの画像を縦32×横32から縦224×横224にリサイズします。リサイズは、`transforms.Resize(224)`で実行することができます。

In:

```
# CIFAR10データセットの読み込み
train_dataset = torchvision.datasets.CIFAR10(root='./data/',  # データの保存場所
                                             train=True,      # 学習データかどうか
                                             download=True,   # ダウンロードするかどうか
                                             transform=transforms.Compose([
                                                 # 画像を224×224にリサイズ
                                                 transforms.Resize(224),
                                                 transforms.ToTensor(),
                                                 transforms.Normalize(
                                                  [0.5, 0.5, 0.5], # RGBの平均
                                                  [0.5, 0.5, 0.5], # RGBの標準偏差
                                                 )
                                             ]))

test_dataset = torchvision.datasets.CIFAR10(root='./data/',
                                            train=False,
                                            download=True,
                                            transform=transforms.Compose([
                                                transforms.Resize(224),
                                                transforms.ToTensor(),
                                                transforms.Normalize(
                                                    [0.5, 0.5, 0.5], # RGBの平均
                                                    # RGBの標準偏差
                                                    [0.5, 0.5, 0.5],
                                                )
                                            ]))

# train_datasetの中身を確認
image, label = train_dataset[0]
print("image size: {}".format(image.size()))  # 画像サイズ
```

```
print("label: {}".format(label))                # ラベルサイズ

Out:
image size: torch.Size([3, 224, 224])
label: 6
```

次に、データセットをミニバッチに分けます。
ミニバッチのサイズも前回と同じサイズに設定します。

In:

```
# ミニバッチサイズを指定したデータローダーを作成
train_batch = torch.utils.data.DataLoader(dataset=train_dataset,
                                          batch_size=64,
                                          shuffle=True,
                                          num_workers=2)
test_batch = torch.utils.data.DataLoader(dataset=test_dataset,
                                         batch_size=64,
                                         shuffle=False,
                                         num_workers=2)

# ミニバッチデータセットの確認
for images, labels in train_batch:
    print("batch images size: {}".format(images.size()))  # バッチの画像サイズ
    print("image size: {}".format(images[0].size()))      # 1枚の画像サイズ
    print("batch labels size: {}".format(labels.size()))  # バッチのラベルサイズ
    break
```

Out:

```
batch images size: torch.Size([64, 3, 224, 224])
image size: torch.Size([3, 224, 224])
batch labels size: torch.Size([64])
```

3.3 学習済みのニューラルネットワークの読み込み

学習済みニューラルネットワーク（AlexNet）をtorchvisionパッケージからロードします。
この際に、models.alexnetの引数をpretrained=Trueとすることで、学習済みの重み付きでAlexNetを読み込むことができます。

In:

```
# CPUとGPUのどちらを使うかを指定
device = torch.device('cuda' if torch.cuda.is_available() else 'cpu')
print(device)
# 学習済みのAlexNetを取得
net = models.alexnet(pretrained=True)
net = net.to(device)
print(net)  # AlexNetの構造を表示
```

Out:

```
Device: cuda
AlexNet(
  (features): Sequential(
    (0): Conv2d(3, 64, kernel_size=(11, 11), stride=(4, 4), padding=(2, 2))
    (1): ReLU(inplace=True)
    (2): MaxPool2d(kernel_size=3, stride=2, padding=0, dilation=1, ceil_
mode=False)
    (3): Conv2d(64, 192, kernel_size=(5, 5), stride=(1, 1), padding=(2, 2))
    (4): ReLU(inplace=True)
    (5): MaxPool2d(kernel_size=3, stride=2, padding=0, dilation=1, ceil_
mode=False)
    (6): Conv2d(192, 384, kernel_size=(3, 3), stride=(1, 1), padding=(1, 1))
    (7): ReLU(inplace=True)
    (8): Conv2d(384, 256, kernel_size=(3, 3), stride=(1, 1), padding=(1, 1))
    (9): ReLU(inplace=True)
    (10): Conv2d(256, 256, kernel_size=(3, 3), stride=(1, 1), padding=(1, 1))
    (11): ReLU(inplace=True)
    (12): MaxPool2d(kernel_size=3, stride=2, padding=0, dilation=1, ceil_
mode=False)
  )
  (avgpool): AdaptiveAvgPool2d(output_size=(6, 6))
  (classifier): Sequential(
    (0): Dropout(p=0.5, inplace=False)
    (1): Linear(in_features=9216, out_features=4096, bias=True)
    (2): ReLU(inplace=True)
    (3): Dropout(p=0.5, inplace=False)
    (4): Linear(in_features=4096, out_features=4096, bias=True)
    (5): ReLU(inplace=True)
    (6): Linear(in_features=4096, out_features=1000, bias=True)
  )
)
```

この時、学習済みの重みをスタート地点にして、すべての重みを学習し直す場合もあります。しかし、今回は必要な重みだけを学習して、他の学習済みの重みが更新されないように、一度すべての重みを固定します。重みが更新されないようにするには、ニューラルネットワークにあるすべての重みnet.parametersに対してrequires_grad = Falseとします。

In:

```
# ニューラルネットワークのパラメータが更新されないようにする
for param in net.parameters():
    param.requires_grad = False
net = net.to(device)
```

取得した学習済みのモデルは、もともと1000クラスを分類するニューラルネットワークでした。今回使用するCIFAR-10データセットは10クラスのため、最終層にあたるAlexNetのclassfierである(6): Linear(in_features=4096, out_features=1000, bias=True)の出力次元out_featuresを1000から10に変更します。これにより、10クラス分類用のモデルになります。

In:

```
#出力層の出力を1000クラス用から10クラス用に変更
num_features = net.classifier[6].in_features  # 出力層の入力サイズ
num_classes = 10  # CIFAR10のクラスの数を指定
# 出力を1000から10へ変更
net.classifier[6] = nn.Linear(num_features, num_classes).to(device)

print(net)
```

Out:

```
AlexNet(
  (features): Sequential(
    (0): Conv2d(3, 64, kernel_size=(11, 11), stride=(4, 4), padding=(2, 2))
    (1): ReLU(inplace=True)
    (2): MaxPool2d(kernel_size=3, stride=2, padding=0, dilation=1, ceil_
mode=False)
    (3): Conv2d(64, 192, kernel_size=(5, 5), stride=(1, 1), padding=(2, 2))
    (4): ReLU(inplace=True)
    (5): MaxPool2d(kernel_size=3, stride=2, padding=0, dilation=1, ceil_
mode=False)
    (6): Conv2d(192, 384, kernel_size=(3, 3), stride=(1, 1), padding=(1, 1))
    (7): ReLU(inplace=True)
```

```
    (8): Conv2d(384, 256, kernel_size=(3, 3), stride=(1, 1), padding=(1, 1))
    (9): ReLU(inplace=True)
    (10): Conv2d(256, 256, kernel_size=(3, 3), stride=(1, 1), padding=(1, 1))
    (11): ReLU(inplace=True)
    (12): MaxPool2d(kernel_size=3, stride=2, padding=0, dilation=1, ceil_
mode=False)
  )
  (avgpool): AdaptiveAvgPool2d(output_size=(6, 6))
  (classifier): Sequential(
    (0): Dropout(p=0.5, inplace=False)
    (1): Linear(in_features=9216, out_features=4096, bias=True)
    (2): ReLU(inplace=True)
    (3): Dropout(p=0.5, inplace=False)
    (4): Linear(in_features=4096, out_features=4096, bias=True)
    (5): ReLU(inplace=True)
    (6): Linear(in_features=4096, out_features=10, bias=True)
  )
)
```


3.4 損失関数と最適化関数の定義

最後に、損失関数および最適化関数についても、転移学習を用いない画像分類の時と同じように設定します。

```
# 損失関数の定義
criterion = nn.CrossEntropyLoss()

# 最適化関数の定義
optimizer = optim.Adam(net.parameters())
```

これで学習準備は完了です。

3.5 学習

ではいよいよ、学習を開始しましょう。

学習回数も前回の画像分類の時と同じ10回に設定します。ここで学習をしているのは、変更した出力層の全結合層の重みだけです。他の層の重みは、更新されないようにrequires_grad = Falseで固定してあるため、この学習の過程で更新されません。

In:

```
# 損失と正解率を保存するリストを作成
train_loss_list = []       # 学習損失
train_accuracy_list = []  # 学習データの正答率
test_loss_list = []        # 評価損失
test_accuracy_list = []   # テストデータの正答率

# 学習(エポック)の実行
epoch = 10
for i in range(epoch):
    # エポックの進行状況を表示
    print('---------------------------------------------')
    print("Epoch: {}/{}".format(i+1, epoch))

    # 損失と正解率の初期化
    train_loss = 0       # 学習損失
    train_accuracy = 0  # 学習データの正答数
    test_loss = 0        # 評価損失
    test_accuracy = 0   # テストデータの正答数

    # ---------学習パート--------- #
    # ニューラルネットワークを学習モードに設定
    net.train()
    # ミニバッチごとにデータをロードし学習
    for images, labels in train_batch:
        # GPUにTensorを転送
        images = images.to(device)
        labels = labels.to(device)

        # 勾配を初期化
        optimizer.zero_grad()
        # データを入力して予測値を計算(順伝播)
        y_pred_prob = net(images)
        # 損失(誤差)を計算
        loss = criterion(y_pred_prob, labels)
        # 勾配の計算(逆伝搬)
```

```
            loss.backward()
            # パラメータ(重み)の更新
            optimizer.step()

            # ミニバッチごとの損失を蓄積
            train_loss += loss.item()

            # 予測したラベルを予測確率y_pred_probから計算
            y_pred_labels = torch.max(y_pred_prob, 1)[1]
            # ミニバッチごとに正解したラベル数をカウント
            train_accuracy += torch.sum(y_pred_labels == labels).item() / len(labels)

        # エポックごとの損失と正解率を計算(ミニバッチの平均の損失と正解率を計算)
        epoch_train_loss = train_loss / len(train_batch)
        epoch_train_accuracy = train_accuracy / len(train_batch)
        # ---------学習パートはここまで--------- #

        # ---------評価パート--------- #
        # ニューラルネットワークを評価モードに設定
        net.eval()
        # 評価時の計算で自動微分機能をオフにする
        with torch.no_grad():
            for images, labels in test_batch:
                # GPUにTensorを転送
                images = images.to(device)
                labels = labels.to(device)
                # データを入力して予測値を計算(順伝播)
                y_pred_prob = net(images)
                # 損失(誤差)を計算
                loss = criterion(y_pred_prob, labels)
                # ミニバッチごとの損失を蓄積
                test_loss += loss.item()

                # 予測したラベルを予測確率y_pred_probから計算
                y_pred_labels = torch.max(y_pred_prob, 1)[1]
                # ミニバッチごとに正解したラベル数をカウント
                test_accuracy += torch.sum(y_pred_labels == labels).item() /
len(labels)
        # エポックごとの損失と正解率を計算(ミニバッチの平均の損失と正解率を計算)
```

```
    epoch_test_loss = test_loss / len(test_batch)
    epoch_test_accuracy = test_accuracy / len(test_batch)
    # ---------評価パートはここまで--------- #

    # エポックごとに損失と正解率を表示
    print("Train_Loss: {:.4f}, Train_Accuracy: {:.4f}".format(
        epoch_train_loss, epoch_train_accuracy))
    print("Test_Loss: {:.4f}, Test_Accuracy: {:.4f}".format(
        epoch_test_loss, epoch_test_accuracy))

    # 損失と正解率をリスト化して保存
    train_loss_list.append(epoch_train_loss)
    train_accuracy_list.append(epoch_train_accuracy)
    test_loss_list.append(epoch_test_loss)
    test_accuracy_list.append(epoch_test_accuracy)
```

Out:

```
--------------------------------------------
Epoch: 1/10
Train_Loss: 0.8780, Train_Accuracy: 0.6910
Test_Loss: 0.6723, Test_Accuracy: 0.7609
--------------------------------------------
Epoch: 2/10
Train_Loss: 0.7830, Train_Accuracy: 0.7241
Test_Loss: 0.6751, Test_Accuracy: 0.7638
--------------------------------------------
Epoch: 3/10
Train_Loss: 0.7586, Train_Accuracy: 0.7333
Test_Loss: 0.6570, Test_Accuracy: 0.7707
--------------------------------------------
. . .
--------------------------------------------
Epoch: 10/10
Train_Loss: 0.7283, Train_Accuracy: 0.7486
Test_Loss: 0.6552, Test_Accuracy: 0.7778
```

3.6 結果の可視化

学習が終わりましたので、結果の可視化を行いましょう。

転移学習を用いた時の訓練データとテストデータに対する、エポックごとの損失と正答率をプロットします。

In:

```
# 損失
plt.figure()
plt.title('Train and Test Loss')  # タイトル
plt.xlabel('Epoch')  # 横軸名
plt.ylabel('Loss')   # 縦軸名
plt.plot(range(1, epoch+1), train_loss_list, color='blue',
         linestyle='-', label='Train_Loss')  # Train_lossのプロット
plt.plot(range(1, epoch+1), test_loss_list, color='red',
         linestyle='--', label='Test_Loss')  # Test_lossのプロット
plt.legend()  # 凡例

# 正解率
plt.figure()
plt.title('Train and Test Accuracy')  # タイトル
plt.xlabel('Epoch')      # 横軸名
plt.ylabel('Accuracy')  # 縦軸名
plt.plot(range(1, epoch+1), train_accuracy_list, color='blue',
         linestyle='-', label='Train_Accuracy')  # Train_lossのプロット
plt.plot(range(1, epoch+1), test_accuracy_list, color='red',
         linestyle='--', label='Test_Accuracy')  # Test_lossのプロット
plt.legend()

# 表示
plt.show()
```

Chapter 4

Out:

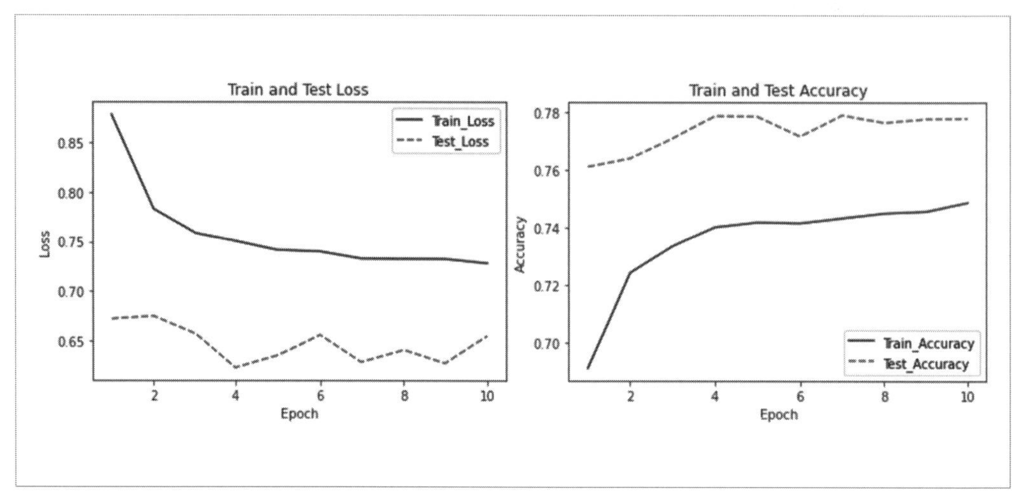

図4-7 エポックごとの損失と正解率の変化

図4-7は、訓練データとテストデータに対する、エポックごとの損失と正答率をプロットした図です。転移学習なしでは70%未満であるのに対し、転移学習ありでは80%近い精度を出していることが分かりますね。画像を対象としたCNNの学習は、非常に時間がかかります。しかし、転移学習を用いることで、少ない学習回数で高い精度をだせることが実感できたと思います。

4 画像の高解像度化【サンプルコード】

これまで、CNNを用いた画像分類を紹介してきました。CNNは画像の高解像度化（超解像技術）としても用いられています。本節では、CNNを用いた低解像度な顔画像の高解像度化について紹介します。

学習目標

- **自身が用意したデータの利用方法**
- **CNNを用いた画像の高解像度化**

使用ファイル

・Section4-4.ipynb

CNNが、画像の分類問題に適したニューラルネットワークであることを説明してきましたが、実は画像の回帰問題にも応用することができます。

画像の回帰問題としてよく取り扱われるのが、画像の復元問題です。つまり、低解像度な画像を高解像度な画像に変換することであり、これを解決する手法を「**超解像**」と呼びます。身近な使用例では、防犯カメラの画質改善が挙げられます。防犯カメラは24時間とどまることなく動画を撮り続けていますが、画質とデータの容量は一得一失（トレードオフ）の関係にあります。そのため、高解像度な動画を撮り続けると、それだけデータの容量が膨大になってしまいます。

1年を時間に換算すると8,760時間ですが、このうち防犯カメラが事件をとらえる時間は100時間にも満たない、あるいは0時間である場合がほとんどでしょう。そのような状況で、高解像度な動画を撮り続け、膨大なデータをどのように保存するのかが問題になります。そのため、防犯カメラで撮影している動画は、データ容量を抑えるために、ある程度低解像度なものにしています。そこで、仮に犯行が撮影されていた際には、犯人の顔や車のナンバーがはっきり見えるように画像を高解像度なものに復元する必要があります。しかしこの復元問題とは、言い換えれば、少ない情報（低解像度画像）から多い情報（高解像度画像）を生み出す、といういわば解の存在しない不良設定問題です。

これまでに様々な画像復元手法が提案されてきましたが、いまだにその手法は確立していません。それは、復元精度の低さや復元にかかる時間の長さ、復元するための数学モデルの考案が困難であることが原因です。そこで、ディープラーニングを用いることによってこれらの問題を解決しようというのが現在の流れです。

画像復元のディープラーニングで必要なものは、低解像度画像（入力画像）と高解像度画像（出力画像）だけです。あとは、ニューラルネットワークが低解像度画像から高解像度画像の関係、つまり関係式を自動で学習し導き出すため、人が数学モデルを考案する必要はありません。

また、一度学習が済んでしまえば、低解像度画像から高解像度画像に復元する時間はほとんど必要ありません。そのため、低解像度な動画の復元をリアルタイムで行うこともできます。さらに、CNNを用いた画像復元の分野はいまだに発展しており、これまでに提案された手法を凌駕するほどの成績を残しています。

本節では、CNNを用いた画像復元手法の中でも最も基本的な手法、Super-Resolution Convolutional Neural Network（SRCNN）を、PyTorch使って実装していきます。

4.1 Super-Resolution Convolutional Neural Network (SRCNN)

SRCNNは2014年にChao Dongらによって提案された、低解像度画像を高解像度画像に復元するためにCNNを用いる超解像（super resolution）手法です。この論文が出るまでは超解像にCNNは用いられていなかったため、当時は革新的な手法でした。

SRCNNは、低解像度画像と高解像度画像の関係性を学習することによって、低解像度画像から高解像度の画像を得るアプローチであり、従来の手法よりも高精度かつ処理にかかる時間も短いという特徴を持ちます。また発表当時は、学習の際に395,909枚もの大量な画像データを用いていましたが、わずか91枚の少ない画像データで学習しても好成績を収めたという報告もあります。これは、SRCNNの構造が非常に簡単なものであり、学習すべきパラメータが少ないからです（勉強すべきことが少ないということは、たくさん勉強する必要がないということです）。

SRCNNは、3層の畳み込み層で構成されます（図4-8）。まずはじめに低解像度画像を入力し、低解像度画像から①**パッチ（画像の一部の領域）を抽出**して畳み込みをします。低解像度画像を畳み込むことで得られた低解像度の特徴量マップを高解像度の特徴量マップに変換するために②**非線形マッピング**をします。具体的には、低解像度の特徴量マップを畳み込んで高解像度の特徴量マップを生成します。最後に、高解像度の特徴量マップをさらに畳み込むことで、高解像度画像を③**再構成**します。

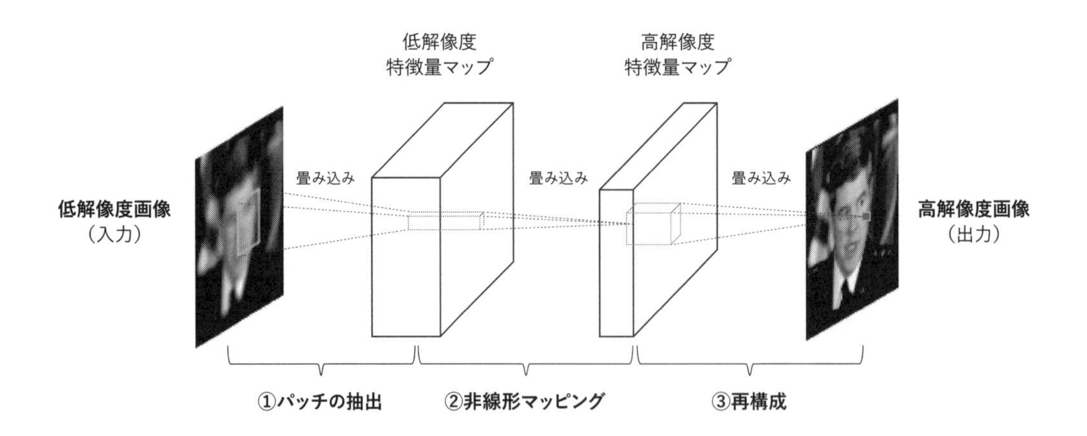

図4-8 **SRCNNの構造**

4.2 画像データの準備(Labeled Faces in the Wild)

ここでは、Labeled Faces in the Wild (LFW) の顔画像データセットを用いて、人の顔画像を対象に高解像度化をしていきます。LFWはマサチューセッツ大学アマースト校の研究者らにより整備された顔画像認識研究のための画像データセットで、Webサイト (http://vis-www.cs.umass.edu/lfw/) からダウンロードすることができます。

LFWには約13,000枚の顔画像があり、人手によって画像ごとに人の名前がフルネームがつけられています。合計5,000人以上の名前が付与されており、その内1,680人については2枚以上の画像があります。ちなみに、最も多い顔画像は第41代アメリカ合衆国大統領ジョージ・W・ブッシュで、530枚もあります。また、LFWに含まれる画像の撮影時の明るさ、人種、表情、撮影目的などはランダムで、多様性のあるデータセットです。

LFWより以前の顔画像データセットというと、証明写真や自撮り写真のような、顔が正面を向いた画像がほとんどでしたが、LFWではそのような条件がない、あらゆる方向を向いた、いわば自然な状態での顔画像を取り扱っています。このような画像データは防犯カメラで撮影した画像と状態が似ているため、ディープラーニングでLFWの画像データを使って高解像度化を学習すれば、防犯カメラで撮った動画でも高解像度化が期待できます。ここで紹介するサンプルコードでは、このLFWの顔画像データセットを用いて、ディープラーニングによる高解像度化処理を実装します。

LFWをダウンロードするには、次のコマンドを実行します。wgetは、指定したURLからファイルをダウンロードするためのコマンドです。ダウンロードが完了すると、LFWデータセットが「lfw-deepfunneled.tgz」として圧縮・保存されますので、tarコマンドで解凍します。

In:

```
$ wget http://vis-www.cs.umass.edu/lfw/lfw-deepfunneled.tgz
$ tar -xzf lfw-deepfunneled.tgz
```

lfw-deepfunneled.tgzを解凍すると、「lfw-deepfunneled」フォルダができます。lfw-deepfunneledフォルダの中には、フルネームで書かれた5,749人分の人名フォルダがあり、そのフォルダごとに各個人の顔画像が格納されています。図4-9は、その一部データをまとめたものです。

```
lfw-deepfunneled
├── AJ_Cook
│   └── AJ_Cook_0001.jpg
├── AJ_Lamas
│   └── AJ_Lamas_0001.jpg
├── Aaron_Eckhart
│   └── Aaron_Eckhart_0001.jpg
...
└── Zydrunas_Ilgauskas
    └── Zydrunas_Ilgauskas_0001.jpg
```

図4-9 **Labeled Faces in the Wild（LFW）に含まれる顔画像**

4.3 前準備(パッケージのインポート)

それでは、SRCNNの実装に移ります。

まずはじめに、必要となるパッケージをインポートしましょう。

In:

```
# パッケージのインポート
import numpy as np
import glob
import os
import matplotlib.pyplot as plt
import math
import torch
import torchvision
import torchvision.transforms as transforms
from torch.utils.data import DataLoader
from torch import nn
import torch.nn.functional as F
from torch import optim
from skimage.metrics import peak_signal_noise_ratio, structural_similarity
```

Chapter 4

4.4 訓練データとテストデータの用意

ダウンロードした顔画像のデータセットをPyTorch用に作成します。まずは、図4-10のように、低解像度画像と高解像度画像のペアを用意します。ダウンロードした時点での原画像の解像度は250×250です。ここでは、この原画像の解像度を落として（ダウンサンプリング）、128×128の解像度とした画像を高解像度画像、32×32としたものを低解像度画像画像として取り扱います。ただし、SRCNNの入力と出力の画像サイズが同じである必要があるため、低解像度画像に関しては一度、解像度を32×32にしてからその画像を128×128に変換（アップサンプリング）することで、低解像度画像を生成します。

画像をリサイズする際には様々な補間方法（interpolation）がありますが、ここでは最も一般的な「Bilinear補間」を用いてリサイズをしています。これらの処理は、Python Image Library（PIL）という画像処理ライブラリを使うと、簡単に実行できます。

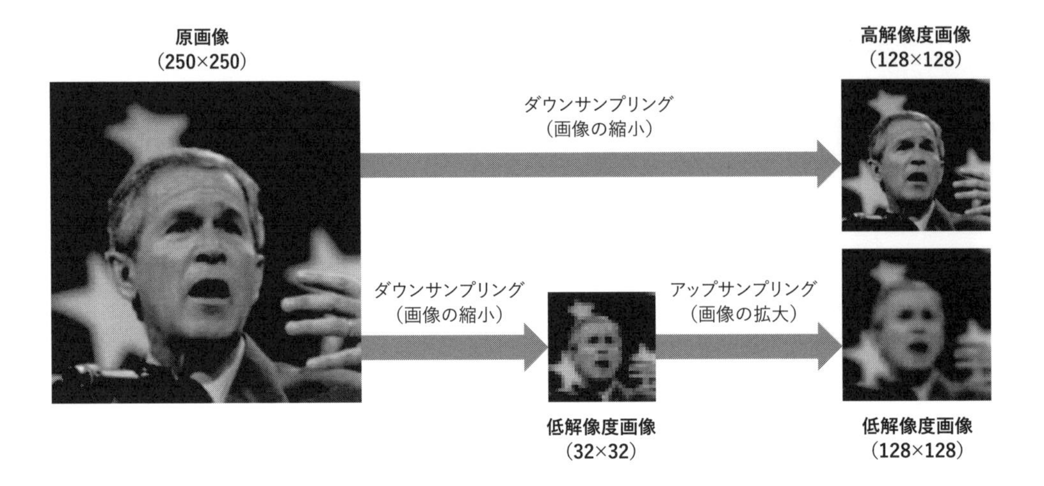

図4-10 **高解像度画像と低解像度画像の作り方**

では、以上の内容を実行して、低解像度画像と高解像度画像のデータセットを作成するためのクラスを定義します。具体的には、PyTorchの`torch.utils.data.Dataset`を継承して、`__init__`と`__len__`、`__getitem__`を設定します。

`__init__`は、クラス生成時に自動で呼び出されるコンストラクタで、ここでは`transform`を使った前処理の定義、画像リストの取得処理を実行します。

`__len__`には、入力された画像の数`images_n`を返すようにしておきます。

`__getitem__`は、画像リストのインデックス`index`が指定された際に呼ばれるもので、ここで原画像を前処理した低解像度画像と高解像度画像を返します。

In:

```
# データセットの作成
from PIL import Image
class DownsampleDataset(torch.utils.data.Dataset):
  def __init__(self, root, transform=None, highreso_size=128, lowreso_size=32):
    self.transform = transform

    self.highreso_resize = transforms.Resize(highreso_size)  # 高解像度
    self.lowreso_resize = transforms.Resize(lowreso_size)    # 低解像度

    # 画像パスのリスト取得
    self.image_paths = sorted(glob.glob(os.path.join(root + '/*/*jpg')))
    self.images_n = len(self.image_paths)

```

```
    def __len__(self):
        return self.images_n  # 画像数のカウント

    def __getitem__(self, index):
        path = self.image_paths[index]  # indexをもとに画像のファイルパスを取得
        image = Image.open(path)        # 画像読み込み

        # 画像のリサイズ
        highreso_image = self.highreso_resize(image)  # 高解像度画像
        # 低解像度画像。一度低解像度にしてから高解像度と同じ画像サイズに変換
        lowreso_image = self.highreso_resize(self.lowreso_resize(image))

        # transformが引数で与えられた場合
        if self.transform:
            highreso_image = self.transform(highreso_image)
            lowreso_image = self.transform(lowreso_image)

        return highreso_image, lowreso_image
```

次に、画像の前処理を設定します。

ここでは、①**PILのデータ型からPyTorchのTensorに変換**し、さらに②**画像の標準化**をしています。画像の標準化では、平均値が0.5、標準偏差が0.5になるようにすべての画像の画素値を変換しています。これによりディープラーニングで学習しやすい状態になり、学習時の損失収束を早め、精度向上につながります。

In:

```
# 画像前処理の設定
transform=transforms.Compose([transforms.ToTensor(),  # Tensorに変換
                              transforms.Normalize(
                                  [0.5, 0.5, 0.5],    # RGBの平均
                                  [0.5, 0.5, 0.5],    # RGBの標準偏差
                                  )])
```

以上の設定ができたら、データセットの作成を実行します。

画像枚数を確認すると、13,233枚ありました。

In:

```
# データセットの作成を実行
dataset = DownsampleDataset('lfw-deepfunneled', transform=transform, highreso_
size=128, lowreso_size=32)

print("dataset size: {}".format(len(dataset)))
```

Out:

```
dataset size: 13233
```

続いて、作成したデータセットを訓練データとテストデータに分割します。

ここでは、訓練データが8割、テストデータが2割となるように分割しており、訓練データには10,586枚、テストデータには2,647枚の画像が含まれます。

In:

```
# 訓練データとテストデータに分割
from sklearn.model_selection import train_test_split
train_dataset, test_dataset = train_test_split(dataset, test_size=0.2)

print("train_dataset size: {}".format(len(train_dataset)))
print("test_dataset size: {}".format(len(test_dataset)))
```

Out:

```
train_dataset size: 10586
test_dataset size: 2647
```

最後に、データセットをミニバッチに分けます。

やり方は、これまでの画像分類で用いた方法と同じです。バッチサイズが64、低解像度画像も高解像度画像もチャネル数が3で、解像度が128×128のカラー画像です。

In:

```
# ミニバッチサイズを指定したデータローダーを作成
train_batch = torch.utils.data.DataLoader(dataset=train_dataset,  # 対象となるデータ
セット
                                          batch_size=64,          # バッチサイズ
                                          shuffle=True,           # 画像のシャッフル
                                          num_workers=2)          # 並列処理数
test_batch = torch.utils.data.DataLoader(dataset=test_dataset,
                                         batch_size=64,
                                         shuffle=False,
```

```
                                     num_workers=2)

# ミニバッチデータセットの確認
for highreso_images, lowreso_images in train_batch:
    # 高解像度画像バッチのサイズ
    print("batch highreso_images size: {}".format(highreso_images.size()))
    # 1枚の高解像度画像サイズ
    print("highreso image size: {}".format(highreso_images[0].size()))
    # 低解像度画像バッチのサイズ
    print("batch lowreso_images size: {}".format(lowreso_images.size()))
    # 1枚の低解像度画像サイズ
    print("lowreso image size: {}".format(lowreso_images[1].size()))
    break
```

Out:

```
batch highreso_images size: torch.Size([64, 3, 128, 128])
highreso image size: torch.Size([3, 128, 128])
batch lowreso_images size: torch.Size([64, 3, 128, 128])
lowreso image size: torch.Size([3, 128, 128])
```

作成したデータセットの画像を確認するには、以下のコマンドを実行します。この後、高解像度化の結果確認にも使えるように、画像を並べて表示できるような関数を定義します。

In:

```
# 画像の表示
def cat_imshow(x, y, images1, images2, images3=None):
  plt.figure(figsize=(9, 7))
  for i in range(x*y):              # X * Y枚の画像を表示
    if i <= 3:
      images = images1
      image = images[i] / 2 + 0.5  # 標準化を解除
    elif i > 3 and i <= 7:
      images = images2
      image = images[i-4] / 2 + 0.5
    elif images3 != None:
      images = images3
      image = images[i-8] / 2 + 0.5

    image = image.numpy()    # Tensorからndarrayへ
```

```
    plt.subplot(x, y, i+1)  # X x Yとなるように格子状にプロット
    # matplotlibでは(縦, 横, チャネル)の順
    plt.imshow(np.transpose(image, (1, 2, 0)))
    plt.axis('off')                             # 目盛を消去
    plt.subplots_adjust(wspace=0, hspace=0)  # 画像間の余白の設定
  plt.show()                                    # 表示


# 画像の確認
for highreso_images, lowreso_images in train_batch:
  cat_imshow(2, 4, highreso_images, lowreso_images)  # 画像の表示
  break
```

図4-11は、データセットの画像の一例で、上段が高解像度画像で下段が低解像度画像です。画像の解像度（サイズ）は低解像度画像と高解像度画像で同じですが、低解像度画像の方がぼやけていることが分かります。

図4-11 **データセットの高解像度画像（上段）と低解像度画像（下段）**

4.5 ニューラルネットワークの定義

次に、ニューラルネットワークの定義をします。

ネットワーク構造は、当時、高解像度化に用いられたSRCNNを採用します。

In:

```
# ニューラルネットワークの定義
class SRCNN(nn.Module):
    def __init__(self):
        super(SRCNN, self).__init__()
        self.conv1 = nn.Conv2d(in_channels=3, out_channels=64, kernel_size=9, 
padding=4)
        self.conv2 = nn.Conv2d(in_channels=64, out_channels=32, kernel_size=1, 
padding=0)
        self.conv3 = nn.Conv2d(in_channels=32, out_channels=3, kernel_size=5, 
padding=2)

    def forward(self, x):
        x = F.relu(self.conv1(x))
        x = F.relu(self.conv2(x))
        x = self.conv3(x)
        return x


# ネットワークのロード
# CPUとGPUのどちらを使うかを指定
device = torch.device('cuda' if torch.cuda.is_available() else 'cpu')
net = SRCNN().to(device)
print(net)
# デバイスの確認
print("Device: {}".format(device))
```

Out:

```
SRCNN(
  (conv1): Conv2d(3, 64, kernel_size=(9, 9), stride=(1, 1), padding=(4, 4))
  (conv2): Conv2d(64, 32, kernel_size=(1, 1), stride=(1, 1))
  (conv3): Conv2d(32, 3, kernel_size=(5, 5), stride=(1, 1), padding=(2, 2))
)
Device: cuda
```

4.6 損失関数と最適化関数の定義

最後に、損失関数と最適化関数を定義します。

これまでのCNNを用いた画像分類では多クラスの分類問題であったため、ソフトマックス交差エントロピー損失nn.CrossEntropyLossを用いました。今回は低解像度画像から高解像度画像を推定する回帰問題ですので、損失関数は平均二乗誤差損失nn.MSELossを適応します。

In:

```
# 損失関数の定義
criterion = nn.MSELoss()

# 最適化関数の定義
optimizer = optim.Adam(net.parameters())
```

4.7 学習

学習の準備が終われば、いよいよニューラルネットワークの学習です。

低解像度画像から高解像度画像を推定する回帰問題ですので、学習するためのコードはChapter3の「糖尿病の予後予測」の時とほとんど同じです。

さらに、ここではディープラーニングの高解像度化がどれだけうまくいったのかを評価しやすくするために、ピーク信号対雑音比（Peak Signal-to-Noise Ratio：PSNR）と構造的類似度（Structural Similarity：SSIM）という指標を用います（Column参照）。PSNRは、画像の復元問題でよく用いられる指標です。一方、SSIMは、人が見たときに感じる類似度を再現した指標です。ここでは、これら2つの画像指標を使って高解像度化の評価を行います。どちらも値が大きいほど、画像をよく復元できていることを意味します。

PythonでPSNRおよびSSIMを計算する場合には、画像処理ライブラリであるscikit-imageを使うと簡単にできます。まずは、scikit-imageをインストールしましょう。

In:

```
$ pip3 install scikit-image
```

scikit-imageがインストールできたら、低解像度画像と高解像度画像からPSNRおよびSSIMが計算できる関数を定義します。入力画像がバッチで渡された場合には、各画像ごとにPSNRとSSIMを計算し、それぞれの平均値を返すようにしています。

In:

```
# 画像評価指標の計算
def cal_psnr_ssim(img1, img2, data_range=1):
  dim = len(img1.size())                      # 画像の次元数を確認
  img1 = img1.to('cpu').detach().numpy()   # Tensorからndarrayに変換
  img2 = img2.to('cpu').detach().numpy()

  # 画像が1枚だけの場合
  if dim == 3:
    # (チャネル, 縦, 横)から(縦, 横, チャネル)の順になるよう並び替え
    img1 = np.transpose(img1, (1, 2, 0))
    img2 = np.transpose(img2, (1, 2, 0))
    psnr = peak_signal_noise_ratio(img1, img2, data_range=data_range)  # PSNR
    ssim = structural_similarity(img1, img2, multichannel=True, data_range=data_
range)  # SSIM
    return psnr, ssim

  # 画像がバッチで渡された場合
  else:
    img1 = np.transpose(img1, (0, 2, 3, 1))
    img2 = np.transpose(img2, (0, 2, 3, 1))
    # 初期化
    all_psnr = 0
    all_ssim = 0
    n_batchs = img1.shape[0]
    for i in range(n_batchs):
      psnr = peak_signal_noise_ratio(img1[i], img2[i], data_range=data_range)  #
PSNR
      ssim = structural_similarity(img1[i], img2[i], data_range=data_range,
multichannel=True)  # SSIM
      all_psnr += psnr
      all_ssim += ssim

    mean_psnr = all_psnr / n_batchs
    mean_ssim = all_ssim / n_batchs
    return mean_psnr, mean_ssim
```

試しに、訓練データからバッチを1つ取り出して、PSNRおよびSSIMを計算してみます。

In:

```
for highreso_images, lowreso_images in train_batch:
  psnr, ssim = cal_psnr_ssim(highreso_images[0], lowreso_images[0], data_range=1)   # 画像1枚だけ入力
  batch_psnr, batch_ssim = cal_psnr_ssim(highreso_images, lowreso_images, data_range=1)   # 画像バッチで入力
  print("SINGLE PSNR: {:.4f}, SSIM: {:.4f}".format(psnr, ssim))
  print("BATCH  PSNR: {:.4f}, SSIM: {:.4f}".format(batch_psnr, batch_ssim))
  break
```

Out:

```
SINGLE PSNR: 18.8616, SSIM: 0.6658
BATCH  PSNR: 17.7824, SSIM: 0.6695
```

PSNRおよびSSIMの関数が定義できたら、学習を実行します。

In:

```
# 損失を保存するリストを作成
train_loss_list = []  # 学習損失(MSE)
test_loss_list = []   # 評価損失(MSE)
train_psnr_list = []  # 学習PSNR
test_psnr_list = []   # 評価PSNR
train_ssim_list = []  # 学習SSIM
test_ssim_list = []   # 評価SSIM

# 学習(エポック)の実行
epoch = 100  # 学習回数: 100
for i in range(epoch):
    # エポックの進行状況を表示
    print('---------------------------------------------')
    print("Epoch: {}/{}".format(i+1, epoch))

    # 損失の初期化
    train_loss = 0  # 学習損失(MSE)
    test_loss = 0   # 評価損失(MSE)
    train_psnr = 0  # 学習PSNR
    test_psnr = 0   # 評価PSNR
    train_ssim = 0  # 学習SSIM
    test_ssim = 0   # 評価SSIM
```

```
    # ---------学習パート--------- #
    # ニューラルネットワークを学習モードに設定
    net.train()
    # ミニバッチごとにデータをロードし学習
    for highreso_images, lowreso_images in train_batch:
        # GPUにTensorを転送
        highreso_images = highreso_images.to(device)  # 高解像度画像
        lowreso_images = lowreso_images.to(device)    # 低解像度画像


        # 勾配を初期化
        optimizer.zero_grad()
        # データを入力して予測値を計算(順伝播)
        y_pred = net(lowreso_images)
        # 損失(誤差)を計算
        loss = criterion(y_pred, highreso_images)  # MSE
        psnr, ssim = cal_psnr_ssim(y_pred, highreso_images)
        # 勾配の計算(逆伝搬)
        loss.backward()
        # パラメータ(重み)の更新
        optimizer.step()
        # ミニバッチごとの損失を蓄積
        train_loss += loss.item()  # MSE
        train_psnr += psnr         # PSNR
        train_ssim += ssim         # SSIM


    # ミニバッチの平均の損失を計算
    batch_train_loss = train_loss / len(train_batch)  # 損失(MSE)
    batch_train_psnr = train_psnr / len(train_batch)  # PSNR
    batch_train_ssim = train_ssim / len(train_batch)  # SSIM
    # ---------学習パートはここまで--------- #

    # ---------評価パート--------- #
    # ニューラルネットワークを評価モードに設定
    net.eval()
    # 評価時の計算で自動微分機能をオフにする
    with torch.no_grad():
```

Chapter 4

```
        for highreso_images, lowreso_images in test_batch:
            # GPUにTensorを転送
            highreso_images = highreso_images.to(device)
            lowreso_images = lowreso_images.to(device)
            # データを入力して予測値を計算(順伝播)
            y_pred = net(lowreso_images)
            # 損失(誤差)を計算
            loss = criterion(y_pred, highreso_images)  # MSE
            psnr, ssim = cal_psnr_ssim(y_pred, highreso_images)
            # ミニバッチごとの損失を蓄積
            test_loss += loss.item()  # MSE
            test_psnr += psnr         # PSNR
            test_ssim += ssim         # SSIM

    # ミニバッチの平均の損失を計算
    batch_test_loss = test_loss / len(test_batch)  # 損失(MSE)
    batch_test_psnr = test_psnr / len(test_batch)  # PSNR
    batch_test_ssim = test_ssim / len(test_batch)  # SSIM
    # ---------評価パートはここまで--------- #

    # エポックごとに損失を表示
    print("Train_Loss: {:.4f} Train_PSNR: {:.4f}  Train_SSIM: {:.4f}".format(
        batch_train_loss, batch_train_psnr, batch_train_ssim))
    print("Test_Loss: {:.4f} Test_PSNR: {:.4f}  Test_SSIM: {:.4f}".format(
        batch_test_loss, batch_test_psnr, batch_test_ssim))
    # 損失をリスト化して保存
    train_loss_list.append(batch_train_loss)  # 訓練損失リスト
    test_loss_list.append(batch_test_loss)    # テスト訓練リスト
    train_psnr_list.append(batch_train_psnr)  # 訓練PSNR
    test_psnr_list.append(batch_test_psnr)    # テストPSNR
    train_ssim_list.append(batch_train_ssim)  # 訓練SSIM
    test_ssim_list.append(batch_test_ssim)    # テストSSIM
```

Out:

```
--------------------------------------------
Epoch: 1/100
Train_Loss: 0.0354 Train_PSNR: 15.9054  Train_SSIM: 0.5735
Test_Loss: 0.0157 Test_PSNR: 18.3575  Test_SSIM: 0.6841
---------------------------------------------
Epoch: 2/100
Train_Loss: 0.0137 Train_PSNR: 18.9619  Train_SSIM: 0.7139
Test_Loss: 0.0127 Test_PSNR: 19.3110  Test_SSIM: 0.7295
---------------------------------------------
Epoch: 3/100
Train_Loss: 0.0121 Train_PSNR: 19.5295  Train_SSIM: 0.7417
Test_Loss: 0.0117 Test_PSNR: 19.6882  Test_SSIM: 0.7480
---------------------------------------------
...
---------------------------------------------
Epoch: 100/100
Train_Loss: 0.0069 Train_PSNR: 21.9811  Train_SSIM: 0.8128
Test_Loss: 0.0071 Test_PSNR: 21.9171  Test_SSIM: 0.8112
```


Column PSNRとSSIMについて

●ピーク信号対雑音比（Peak Signal-to-Noise Ratio：PSNR）

PSNRは画像の復元問題の評価でよく用いられる指標で、次のような式で求めることができます。ここでのMAXは、画像のとりうる値の最大値です。よく用いられている8ビットの画像であれば、MAXは255になります。MSEは平均二乗誤差のことです。単位はdB（デシベル）で、値が大きいほど画像がよく復元できていることを意味します。

$$PSNR(dB) = 10\log_{10}\frac{MAX^2}{MSE}$$

●構造的類似度（Structural Similarity：SSIM）

SSIMは、人が見たときに感じる類似度を再現した指標です。MSEやPSNRでも低解像度画像と高解像度画像の類似度を評価することができますが、人が見たときに感じる類似度と必ずしも一致しません。その理由は、MSEやPSNRが「画像全体で少しだけ違う場合」と「画像の局所で大きく違う場合」を区別して評価することができず、同じ値として計算してしまうからです。

人の場合、画像全体で少しだけ違う際には2つの画像が異なっていることに気づきづらいのですが、画像の局所で大きく違う場合には、そこが目立つので、2つの画像が異なっていると感じます。

そこで、これらの違いを指標化するためにできたのがSSIMです。次のような式で計算することがでます。ここで、xとyは高解像度画像と低解像度画像、μxとμyは画素値の平均値、σxとσyは画素値の標準偏差、σxyは画素値の共分散を意味します。C_1とC_2は定数です。値は0～1までの範囲で、値が大きいければ大きいほど低解像度画像と高解像度画像が類似度が高い、つまり、よく画像が復元できていることを意味します。

$$SSIM(x,y) = \frac{(2\mu_x\mu_y + C_1)(2\sigma_{xy} + C_2)}{(\mu_x^2 + \mu_y^2 + C_1)(\sigma_x^2 + \sigma_y^2 + C_2)}$$

4.8 結果の可視化

学習が終わりましたので、結果を可視化します。
エポックごとの、損失（MSE）とPSNR、SSIMをプロットします。

In:

```
# 損失(MSE)
plt.figure()
plt.title('Train and Test Loss')
plt.xlabel('Epoch')
plt.ylabel('Loss')
plt.plot(range(range(1, epoch+1)), train_loss_list, color='blue',
         linestyle='-', label='Train_Loss')
plt.plot(range(range(1, epoch+1)), test_loss_list, color='red',
         linestyle='--', label='Test_Loss')
plt.legend()  # 凡例

# PSNR
plt.figure()
plt.title('Train and Test PSNR')
plt.xlabel('Epoch')
plt.ylabel('PSNR')
plt.plot(range(1, epoch+1), train_psnr_list, color='blue',
         linestyle='-', label='Train_PSNR')
plt.plot(range(1, epoch+1), test_psnr_list, color='red',
         linestyle='--', label='Test_PSNR')
plt.legend()  # 凡例

# SSIM
plt.figure()
plt.title('Train and Test SSIM')
plt.xlabel('Epoch')
plt.ylabel('SSIM')
plt.plot(range(1, epoch+1), train_ssim_list, color='blue',
         linestyle='-', label='Train_SSIM')
plt.plot(range(1, epoch+1), test_ssim_list, color='red',
         linestyle='--', label='Test_SSIM')
plt.legend()  # 凡例
```

```
# 表示
plt.show()
```

図4-12をみると、順調に損失が減少して、PSNRおよびSSIMが向上していることが分かります。

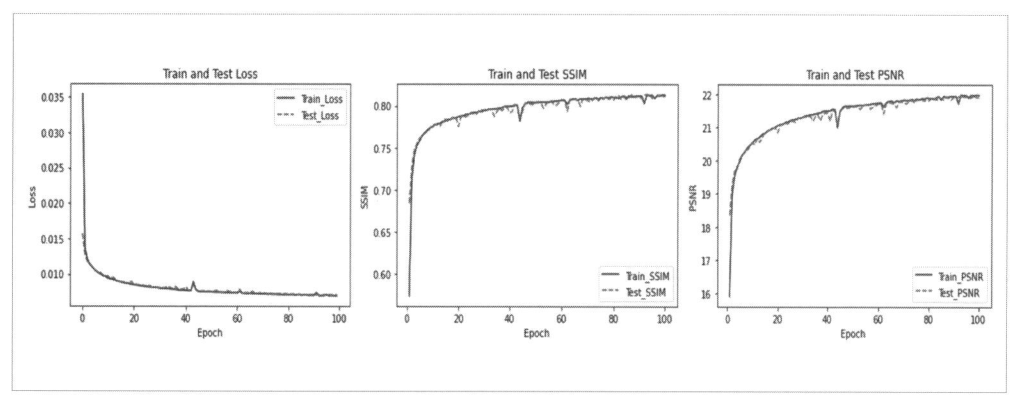

図4-12 エポックごとの損失と正答率の変化

では、PSNRやSSIMといった画像評価指標の値だけでなく、実際に低解像度画像がどれほど高解像度化されたのかを確認しましょう。

図4-13に低解像度画像、高解像度画像、SRCNNによって再構成（高解像度化）された画像を示します。参考のために、**①ディープラーニングで再構成前の低解像度画像と高解像度画像の画像指標**と、**②SRCNNで再構成した画像と高解像度画像の画像指標**を比較できるように、PSNRとSSIMも計算します。SRCNNを用いることで、PSNRとSSIMが向上していることが分かります。

In:

```
# 再構成した画像の確認
# ニューラルネットワークを評価モードに設定
net.eval()
# 推定時の計算で自動微分機能をオフにする
with torch.no_grad():
    for highreso_images, lowreso_images in test_batch:
        # GPUにTensorを転送
        highreso_images = highreso_images.to(device)
        lowreso_images = lowreso_images.to(device)
```

```
        # データを入力して予測値を計算(順伝播)
        y_pred = net(lowreso_images)
        # 画質評価
        # 低解像度 vs 高解像度
        psnr1, ssim1 = cal_psnr_ssim(lowreso_images, highreso_images)
        # ディープラーニング再構成 vs 高解像度
        psnr2, ssim2 = cal_psnr_ssim(y_pred, highreso_images)
        print("Lowreso vs Highreso, PSNR: {:.4f}, SSIM: {:.4f}".format(psnr1, ssim1))
        print("DL_recon vs Highreso, PSNR: {:.4f}, SSIM: {:.4f}".format(psnr2, ssim2))

        # 画像表示
        cat_imshow(3, 4, highreso_images.to('cpu'), lowreso_images.to('cpu'), y_pred.to('cpu'))
        plt.show()  # 表示
        break
```

Out:

```
Lowreso vs Highreso, PSNR: 17.0765, SSIM: 0.6631
DL_recon vs Highreso, PSNR: 21.6480, SSIM: 0.8150
```

図4-13をみると、SRCNN再構成前よりも、SRCNN再構成後の方が目や鼻といった構造がはっきり描出されていることが分かります。

図4-13 SRCNNによる再構成(高解像度化)の結果
(上:高解像度画像、中:低解像度画像、下:SRCNN再構成)

Chapter 4 まとめ

畳み込みニューラルネットワーク
～画像分類プログラムを作る～

☑ この章では、以下のことを学びました。

1 畳み込みニューラルネットワークについて

□ 画像認識の分野でよく用いられるニューラルネットワーク、畳み込みニューラルネットワーク（CNN）について学びました。

□ 「畳み込み層」と「プーリング層」について学びました。

2 CIFAR-10データセットの画像分類【サンプルコード】

□ CIFAR-10データセットを利用し、前準備からニューラルネットワークの定義、結果の可視化まで、CNNによる画像分類の実装方法を学びました。

3 CIFAR-10データセットの転移学習【サンプルコード】

□ CIFAR-10データセットを利用し、移転学習の前準備から学習済みのニューラルネットワークの読み込み、結果の可視化まで学習済みのCNNを用いた画像分類の実装方法を学びました。

4 画像の高解像度化【サンプルコード】

□ CNNを用いた画像の高解像度化を学びました。

再帰型ニューラルネットワーク（時系列データの予測）～株価予測プログラムを作る～

本章では、再帰型ニューラルネットワーク（RNN）の概要について説明していきます。

RNNは、過去に入力したデータを記憶して次の出力に反映することができ、時系列データを扱う際によく用いられるニューラルネットワークです。RNNは、テキストデータ、音声データ、経済指標などの様々な分野で用いられており、この章を終えることでこれらの課題に取り組むことができるようになります。

1 再帰型ニューラルネットワークについて

学習目標

- **再帰型ニューラルネットワーク（RNN）の仕組みを理解**
- **LSTMについて理解**

使用ファイル

なし

CNN（畳み込みニューラルネットワーク）では、物体の特徴や位置といった情報をうまく学習していました。では、時間という情報をもった時系列データをうまく学習することはできないのでしょうか？

そこで考えられたのが、再帰型ニューラルネットワーク（Recurrent Neural Network：RNN）です。RNNは、時系列データから時間依存性を学習することで時間情報を反映できるようにしたモデルです。

では、時間依存性の学習をどのように表現すればよいでしょうか？

図5-1は、RNNのネットワーク構造の模式図です。時間情報を持った系列データ（シーケンス）は、古い順に1つずつのステップに分けてRNNに入力されます。入力された情報が入力層から出力層まで伝搬していく点は、通常のニューラルネットワークと同じです。しかし、RNNでは過去の隠れ層からの情報が現在の隠れ層に伝搬します。これによって、RNNは過去に入力されてきた情報が現在に入力された情報に対して、どれほどの重要性（重み）があるのかを学習することができます。

しかし、このRNNには遠い過去の情報を保持できなかったり、誤差が消滅して勾配消失問題が起きるといった問題があります。そのような問題を解決するため、近年Long Short-Term Memory（LSTM）というニューラルネットワークモデルが考案されました。

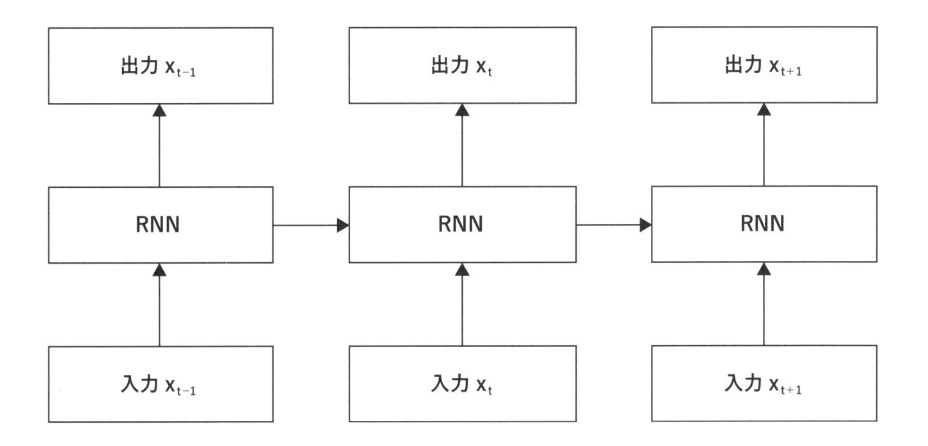

図5-1 **RNNのネットワーク構造**

図5-2は、LSTMネットワーク構造の模式図です。これは、ネットワーク全体の模式図ではなく、LSTMネットワークを構成するLSTMブロックの1つに注目した図です。実際には、隠れ層にこのLSTMブロックがいくつも並ぶことになります。LSTMは、入力ゲート、出力ゲート、忘却ゲートの3つのゲートと、Constant Error Carousel（CEC）と呼ばれるセルで構成されます。これらによって、**①遠い過去からの情報を保持しつつ、②過剰に残らないように忘却（リセット）したり、③誤差を保持して、勾配消失を防ぐ**ことができます。

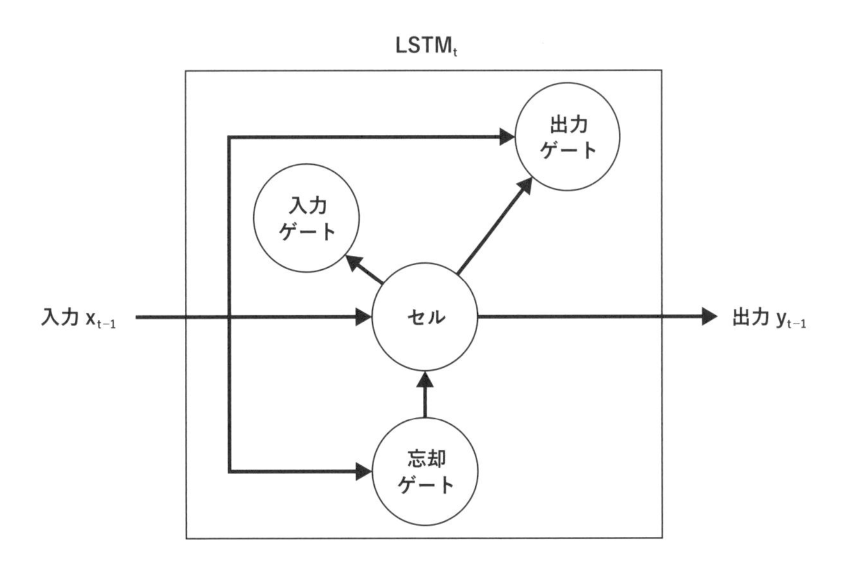

図5-2 **LSTMのネットワーク構造**

2 株価予測【サンプルコード】

本節では、時系列データとして株価を取り上げ、LSTMを用いた株価の予測方法について解説していきます。

AIを用いた株価の予測は以前から行われていましたが、LSTMによって精度が格段に向上しました。

学習目標

- **pandasを用いたCSVファイルの読み込み**
- **データの標準化**
- **LSTMの実装**

使用ファイル

Section5-2.ipynb

ではさっそく、時系列データを予測できるLSTMを使って株価の予測をしてみましょう。

データは、kaggle（https://www.kaggle.com/）の「New York Stock Exchange（https://www.kaggle.com/dgawlik/nyse）」というコンペティションで使われている株価データ（prices.csv）を使います。株価データは、2010年から2017年までの間の始値、終値、安値、高値、出来高が記録されています。ここでは、2010年から2016年の6年間分のデータを学習して、残りの1年分（2016年から2017年）の株価を予測します（図5-3）。

株価変動の傾向をつかむために、移動平均（Moving Average：MA）がよく用いられます。移動平均は、現在から遡った過去の終値の平均値を1日ずつずらしながら計算したものです。たとえば、現在から過去25日分の終値を平均すれば現在の25日移動平均を算出できます。移動平均を計算する際の日足としては5日、25日、75日がよく用いられますが、ここで紹介するサンプルコードでは25日移動平均を採用してこれを学習・予測することにします。

図5-3 株価予測の戦略

Chapter 5

2.1 前準備（パッケージのインポート）

まずはじめに、株価予測を行うために必要となるパッケージをインポートしましょう。

In:

```
# パッケージのインポート
import numpy as np
import pandas as pd
import matplotlib.pyplot as plt
from sklearn.preprocessing import StandardScaler
from sklearn.metrics import mean_absolute_error
import torch
from torch.utils.data import TensorDataset, DataLoader
from torch import nn
import torch.nn.functional as F
from torch import optim
```

2.2 訓練データとテストデータの用意

株価データが格納された「prices.csv」をpandasを使って読み込みます。openが始値、closeが終値、lowが安値、highが高値、volumeが出来高で、株価の単位はドルです。またsymbolは、National Association of Securities Dealers Automated Quotations (NASDAQ) という株式市場で使われている株式銘柄のコードです。

In:

```
dataset = pd.read_csv('prices.csv')
# datasetの中身を確認
print(dataset.head())
```

Out:

```
                  date symbol        open       close         low        high     volume
0  2016-01-05 00:00:00   WLTW  123.430000  125.839996  122.309998  126.250000  2163600.0
1  2016-01-06 00:00:00   WLTW  125.239998  119.980003  119.940002  125.540001  2386400.0
2  2016-01-07 00:00:00   WLTW  116.379997  114.949997  114.930000  119.739998  2489500.0
3  2016-01-08 00:00:00   WLTW  115.480003  116.620003  113.500000  117.440002  2006300.0
4  2016-01-11 00:00:00   WLTW  117.010002  114.970001  114.089996  117.330002  1408600.0
```

株価データには、全部で501銘柄のデータがあります。日本の企業としては、ヤフー株式会社が含まれています。ヤフー株式会社の株式銘柄コードはNASDAQで「YHOO」と表記されます。

In:

```
# 銘柄(symbol)の確認
symbols = list(set(dataset.symbol))
len("The number of symbols: {}".format(symbols))  # 銘柄数
print(symbols[:10])  # 10件の銘柄を表示
```

Out:

```
The number of symbols: 501
['CA', 'SJM', 'BA', 'SBUX', 'PSA', 'LB', 'CCL', 'MCD', 'ICE', 'YHOO']
```

ここでは、代表としてヤフー株式会社の株価を予想するために、ヤフー (YHOO) の株価データのみを抽出します。

In:

```
# ヤフー(YHOO)のみを抽出
dataset = dataset[dataset['symbol'] == 'YHOO']
print(dataset.head())
```

Out:

```
            date symbol       open      close        low       high      volume
713   2010-01-04   YHOO  16.940001  17.100000  16.879999  17.200001  16587400.0
1181  2010-01-05   YHOO  17.219999  17.230000  17.000000  17.230000  11718100.0
1649  2010-01-06   YHOO  17.170000  17.170000  17.070000  17.299999  16422000.0
2117  2010-01-07   YHOO  16.809999  16.700001  16.570000  16.900000  31816300.0
2585  2010-01-08   YHOO  16.680000  16.700001  16.620001  16.760000  15470000.0
```

次に、終値(close)があれば十分なため、始値(open)、安値(low)、高値(high)、出来高(volume)を消します。削除には`drop`メソッドを使用し、列を削除する場合には引数として`axis=1`を渡します。

In:

```
# 始値(open)、安値(low)、高値(high)、出来高(volume)を消して、終値(close)のみを残す
dataset = dataset.drop(['open', 'low', 'high', 'volume'], axis=1)
print(dataset.head())
```

Out:

```
            date symbol      close
713   2010-01-04   YHOO  17.100000
1181  2010-01-05   YHOO  17.230000
1649  2010-01-06   YHOO  17.170000
2117  2010-01-07   YHOO  16.700001
2585  2010-01-08   YHOO  16.700001
```

続いて、終値から25日移動平均(25MA)を計算します。

移動平均の計算には、`rolling`メソッドを使うと便利です。引数としてWindowの幅を`window=25`とすることで、25日移動平均を計算することができます。また、最小データ個数を`min_periods=0`を設定することで、計算過程でWindowの中に25個のデータがなかったとしても、あるデータのみで移動平均を計算してくれます。

In:

```
# 終値の25日移動平均(25MA)を算出
dataset['25MA'] = dataset['close'].rolling(window=25, min_periods=0).mean()
print(dataset.head())
```

Out:

```
           date symbol      close       25MA
713   2010-01-04   YHOO  17.100000  17.100000
1181  2010-01-05   YHOO  17.230000  17.165000
1649  2010-01-06   YHOO  17.170000  17.166667
2117  2010-01-07   YHOO  16.700001  17.050000
2585  2010-01-08   YHOO  16.700001  16.980000
```

さらに、日付(date)をobject型からdatetime64型に変換します。

In:

```
# 日付(date)をobject型からdatetime64型に変換
print(dataset['date'].dtype)  # 変換前のデータ型
dataset['date'] = pd.to_datetime(dataset['date'])
print(dataset['date'].dtype)  # 変換後のデータ型
```

Out:

```
object          # 変換前
datetime64[ns]  # 変換後
```

では、ヤフーの株価を図示してみましょう(図5-4)。

実践を終値、点線を25日移動平均として表示しています。データは、2010年あたりから2017年くらいまであります。また、株価は2013年あたりから2015年にかけて急激に上昇し、その後2016年にかけて減少、2017年にはある程度回復していることが分かりますね。

In:

```
# 終値と25日移動平均を図示
plt.figure()
plt.title('YHOO stock price')
plt.xlabel('Date')
plt.ylabel('Stock Price')
# plt.xticks(np.arange(0, 180 + 1, 30))
# plt.xticks(dataset['date'][::10].values)
```

```
plt.plot(dataset['date'], dataset['close'], color='black',
         linestyle='-', label='close')
plt.plot(dataset['date'], dataset['25MA'], color='dodgerblue',
         linestyle='--', label='25MA')
plt.legend()  # 凡例
plt.savefig('5-2_stock_price.png')  # 図の保存
plt.show()
```

Out:

図5-4 **ヤフーの株価**

続いて、入力する25日移動平均を平均値が0、標準偏差が1となるように標準化します。

標準化をすることによって学習時の損失収束を早め、効率的に学習することができます。今回は入力する特徴量は移動平均だけですが、もしも何らかの経済指標も併せて入力する場合、2つの特徴量の値は大きく異なることがあります。その結果、パラメータに偏りが生じ、効率的に学習ができませんが、このような問題も次のように標準化することによって解消できます。

In:

```
# 標準化
ma = dataset['25MA'].values.reshape(-1, 1)
```

```
scaler = StandardScaler()
ma_std = scaler.fit_transform(ma)
print("ma: {}".format(ma))
print("ma_std: {}".format(ma_std))
```

Out:

```
ma: [[17.1        ]      # 標準化前
 [17.165      ]
 [17.16666667]
 ...
 [40.1083998 ]
 [40.01359984]
 [39.9219998 ]]
ma_std: [[-0.88504099]  # 標準化後
 [-0.87931043]
 [-0.8791635 ]
 ...
 [ 1.14343482]
 [ 1.13507703]
 [ 1.12700135]]
```

次に、現在から過去25日分の移動平均を入力値として、次の日（1日後）の移動平均を予測するようなデータセットを作成します。

In:

```
# 現在から過去25日分の株価の移動平均を入力値として、1日後の株価の移動平均を予測
data = []    # 入力データ（過去25日分の移動平均）
label = []   # 出力データ（1日後の移動平均）
for i in range(len(ma_std) - 25):
    data.append(ma_std[i:i + 25])
    label.append(ma_std[i + 25])
# ndarrayに変換
data = np.array(data)
label = np.array(label)
print("data size: {}".format(data.shape))
print("label size: {}".format(label.shape))
```

Out:

```
data size: (1737, 25, 1)
label size: (1737, 1)
```

さらに、株価データを訓練データとテストデータに分けます。

2010年から2016年までの株価データを訓練データに、2016年から2017年までをテストデータにします。2016年から2017年までの株価データは日数にして252日分ですので、新しい株価から252日分をテストデータにしています。

In:

```
# 訓練データとテストデータのサイズを決定
test_len = int(252)  # 1年分(252日分)
train_len = int(data.shape[0] - test_len)
# 訓練データの準備
train_data = data[:train_len]
train_label = label[:train_len]
# テストデータの準備
test_data = data[train_len:]
test_label = label[train_len:]
# データの形状を確認
print("train_data size: {}".format(train_data.shape))
print("test_data size: {}".format(test_data.shape))
print("train_label size: {}".format(train_label.shape))
print("test_label size: {}".format(test_label.shape))
```

Out:

```
train_data size: (1485, 25, 1)
test_data size: (252, 25, 1)
train_label size: (1485, 1)
test_label size: (252, 1)
```

続いて、PyTorchで使えるように、訓練データとテストデータのデータ型をndarrayからPyTorchのTensorに変換します。

In:

```
# ndarrayをPyTorchのTensorに変換
train_x = torch.Tensor(train_data)
test_x = torch.Tensor(test_data)
```

Chapter 5

```
train_y = torch.Tensor(train_label)
test_y = torch.Tensor(test_label)
```

最後に、TensorDatasetで、入力とラベルを結合したデータセットにします。

In:

```
# 特徴量とラベルを結合したデータセットを作成
train_dataset = TensorDataset(train_x, train_y)
test_dataset = TensorDataset(test_x, test_y)
```

DataLoaderを使って、データセットを128個のミニバッチに分けます。

In:

```
# ミニバッチサイズを指定したデータローダーを作成
train_batch = DataLoader(
    dataset=train_dataset,  # データセットの指定
    batch_size=128,         # バッチサイズの指定
    shuffle=True,           # シャッフルするかどうかの指定
    num_workers=2)          # コアの数
test_batch = DataLoader(
    dataset=test_dataset,
    batch_size=128,
    shuffle=False,
    num_workers=2)
# ミニバッチデータセットの確認
for data, label in train_batch:
    print("batch data size: {}".format(data.size()))    # バッチの入力データサイズ
    print("batch label size: {}".format(label.size()))  # バッチのラベルサイズ
    break
```

Out:

```
batch data size: torch.Size([128, 25, 1])  # バッチの入力データサイズ
batch label size: torch.Size([128, 1])     # バッチのラベルサイズ
```

2.3 ニューラルネットワークの定義

次に、株価を予測するためのニューラルネットワークを定義します。

モデルの構造は1層のLSTMnn.LSTMと、1層の全結合層nn.Linearで構成されていま

す。nn.LSTMの引数であるnum_layersはLSTMレイヤの数で、以下の例ではLSTMブロックを1つにしています。

また、入力するデータの次元をみると、「バッチサイズ128×シーケンス長25×入力次元1」となっています。バッチサイズが最初にきているため、batch_first=Trueにする必要があるからです。デフォルトのbatch_first=Falseでは、「シーケンス長×バッチサイズ×入力次元」の順を想定しています。バッチサイズが最初に来た方が直感的に分かりやすいため、最初の次元をバッチサイズにしています。

nn.LSTMは、出力として出力シーケンスoutput、終了ステップ時の隠れ層の状態h_n、終了ステップ時のセルの状態c_nを出力します。

また、株価の推定で必要となるのは、出力シーケンスoutputです。出力シーケンスoutputの次元は、「バッチサイズ×シーケンス長×隠れ層次元」となっており、各ステップ（隠れ層）ごとの出力がすべて含まれています。

今回入力するデータのシーケンス長は25（25日分）であるため、全部で25ステップ分の出力があります。このうち、25ステップ目（終了ステップ時）の出力のみが欲しいため、nn.LSTMの出力シーケンスoutputのうち、終了ステップ時の出力output[:, -1, :]を全結合層nn.Linearに入力しています。

In:

```
# ニューラルネットワークの定義
class Net(nn.Module):
    def __init__(self, D_in, H, D_out):
        super(Net, self).__init__()
        self.lstm = nn.LSTM(D_in, H, batch_first=True,
                            num_layers=1)
        self.linear = nn.Linear(H, D_out)

    def forward(self, x):
        output, (hidden, cell) = self.lstm(x)
        output = self.linear(output[:, -1, :])  # 最後のステップのみを入力
        return output
```

続いて、ニューラルネットワークのハイパーパラメータを設定します。

入出力データ共に次元は1、隠れ層の次元を200、学習回数を100回に設定しています。

In:

```
# ハイパーパラメータの定義
D_in = 1  # 入力次元: 1
```

Chapter 5

```
H = 200       # 隠れ層次元： 200
D_out = 1     # 出力次元： 1
epoch = 100   # 学習回数： 100
```

次に、定義したニューラルネットワークを読み込むために、以下のコマンドを実行します。

In:

```
# ネットワークのロード
# CPUとGPUのどちらを使うかを指定
device = torch.device('cuda' if torch.cuda.is_available() else 'cpu')
net = Net(D_in, H, D_out).to(device)
# デバイスの確認
print("Device: {}".format(device))
```

Out:

```
Device: cuda
```

2.4 損失関数と最適化関数の定義

最後に、損失関数と最適化関数を次のように定義します。

株価を予測する回帰問題ですので、損失関数として平均二乗誤差損失（MSE）nn.MSELossを使用します。

In:

```
# 損失関数の定義
criterion = nn.MSELoss()  # 損失関数(平均二乗誤差： MSE)

# 最適化関数の定義
optimizer = optim.Adam(net.parameters())
```

学習準備はこれで完了です。

2.5 学習

ではいよいよ、学習を実行していきましょう。

ニューラルネットワークの学習をするには、次のコードを実行します。この時、各エポックで出力される損失は、標準化された株価を使って算出された平均二乗誤差です。実際の株価を使って算出されたものではないことに注意してください。

In:

```
# 損失を保存するリストを作成
train_loss_list = []  # 学習損失
test_loss_list = []   # 評価損失

# 学習(エポック)の実行
for i in range(epoch):
    # エポックの進行状況を表示
    print('---------------------------------------------')
    print("Epoch: {}/{}".format(i+1, epoch))

    # 損失の初期化
    train_loss = 0  # 学習損失
    test_loss = 0   # 評価損失

    # ---------学習パート--------- #
    # ニューラルネットワークを学習モードに設定
    net.train()
    # ミニバッチごとにデータをロードし学習
    for data, label in train_batch:
        # GPUにTensorを転送
        data = data.to(device)
        label = label.to(device)

        # 勾配を初期化
        optimizer.zero_grad()
        # データを入力して予測値を計算(順伝播)
        y_pred = net(data)
        # 損失(誤差)を計算
        loss = criterion(y_pred, label)
        # 勾配の計算(逆伝搬)
        loss.backward()
        # パラメータ(重み)の更新
        optimizer.step()
        # ミニバッチごとの損失を蓄積
        train_loss += loss.item()
```

Chapter 5

```
    # ミニバッチの平均の損失を計算
    batch_train_loss = train_loss / len(train_batch)
    # ---------学習パートはここまで--------- #

    # ---------評価パート--------- #
    # ニューラルネットワークを評価モードに設定
    net.eval()
    # 評価時の計算で自動微分機能をオフにする
    with torch.no_grad():
        for data, label in test_batch:
            # GPUにTensorを転送
            data = data.to(device)
            label = label.to(device)
            # データを入力して予測値を計算(順伝播)
            y_pred = net(data)
            # 損失(誤差)を計算
            loss = criterion(y_pred, label)
            # ミニバッチごとの損失を蓄積
            test_loss += loss.item()

    # ミニバッチの平均の損失を計算
    batch_test_loss = test_loss / len(test_batch)
    # ---------評価パートはここまで--------- #

    # エポックごとに損失を表示
    print("Train_Loss: {:.2E} Test_Loss: {:.2E}".format(
        batch_train_loss, batch_test_loss))
    # 損失をリスト化して保存
    train_loss_list.append(batch_train_loss)
    test_loss_list.append(batch_test_loss)
```

Out:

```
-------------------------------------------
Epoch: 1/100
Train_Loss: 6.16E-01 Test_Loss: 6.42E-02
-------------------------------------------
Epoch: 2/100
```

```
Train_Loss: 7.01E-02 Test_Loss: 1.60E-02
---------------------------------------------
Epoch: 3/100
Train_Loss: 2.06E-02 Test_Loss: 9.48E-03
---------------------------------------------
. . .
---------------------------------------------
Epoch: 100/100
Train_Loss: 3.14E-04 Test_Loss: 3.10E-04
```

株価の値を標準化した結果、実際の株価よりもスケールが小さくなります。そのため、標準化された株価で計算した平均二乗誤差の方が、実際の株価で計算した平均二乗誤差よりも小さくなります。ですが、エポックを追うごとに損失が減少していることは確かなことです。

2.6 結果の可視化

学習が終わりましたので、結果の可視化を行いましょう。

訓練データとテストデータに対するエポックごとの損失をプロットします（図5-5）。約10回程度の少ないエポックで損失が収束していることが分かりますね。

In:

```
# 損失
plt.figure()
plt.title('Train and Test Loss')
plt.xlabel('Epoch')
plt.ylabel('Loss')
plt.plot(range(1, epoch+1), train_loss_list, color='blue',
         linestyle='-', label='Train_Loss')
plt.plot(range(1, epoch+1), test_loss_list, color='red',
         linestyle='--', label='Test_Loss')
plt.legend()  # 凡例
plt.show()    # 表示
```

Out:

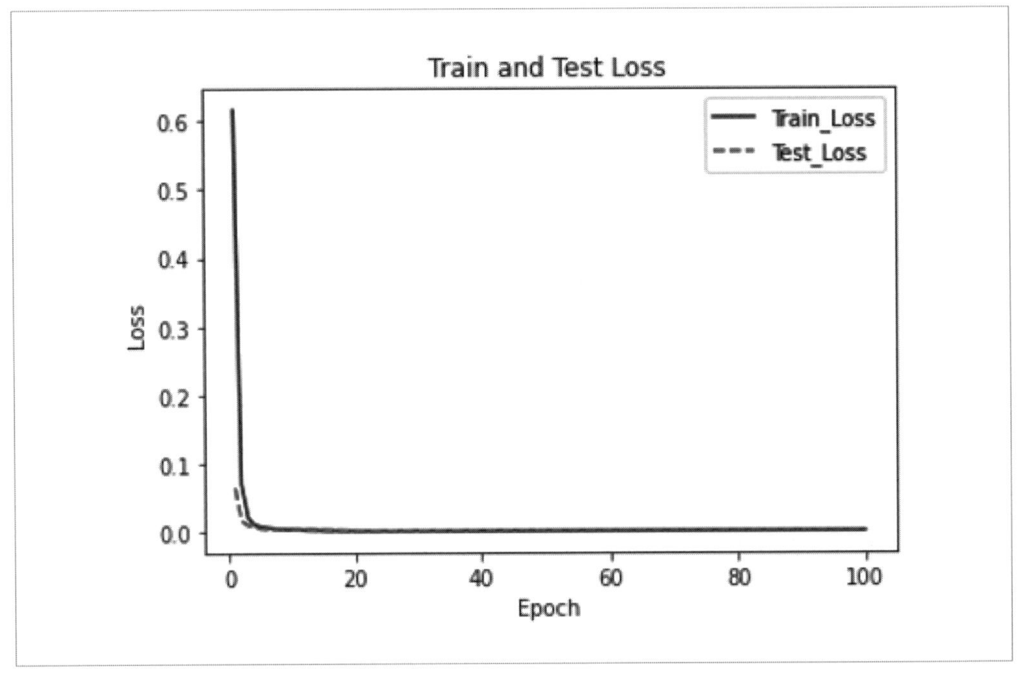

図5-5 エポックごとの損失変化

2.7 テストデータに対する予測の評価

では、学習していない1年間分の株価のテストデータをどれほど正確に予測することができたかを評価します。

まずは、学習済みのニューラルネットワークを評価モードにして、株価の予測値と正解値（ラベル）を取得します。また、view(-1).tolist()で取得した株価の予測値と正解値を、Tensorから1次元のlistに変換しておきます。

In:

```
# ニューラルネットワークを評価モードに設定
net.eval()
# 推定時の計算で自動微分機能をオフにする
with torch.no_grad():
    # 初期化
    pred_ma = []
```

```
    true_ma = []
    for data, label in test_batch:
        # GPUにTensorを転送
        data = data.to(device)
        label = label.to(device)
        # データを入力して予測値を計算(順伝播)
        y_pred = net(data)
        pred_ma.append(y_pred.view(-1).tolist())  # Tensorを1次元listに変換
        true_ma.append(label.view(-1).tolist())
```

次に、取得したlistが入れ子になっているため、1次元のlistになるように整形します。また、取得した値は標準化されたままのため、元の株価のスケールになるように標準化を解除します。

In:

```
# Tensorを数値データを取り出す
pred_ma = [elem for lst in pred_ma for elem in lst]  # listを1次元配列に
true_ma = [elem for lst in true_ma for elem in lst]

# 標準化を解除して元の株価に変換
pred_ma = scaler.inverse_transform(pred_ma)
true_ma = scaler.inverse_transform(true_ma)
```

続いて、予測値と正解値の平均絶対誤差を算出します。平均絶対誤差の計算には、scikit-learnの`sklearn.metrics.mean_absolute_error`を用いています。もちろんご自身で計算式を作って計算してもかまいません。

平均絶対誤差を計算すると0.159でした。これは、1年（252日）間で正解値と予測値の差が平均で0.159ドルであったことを意味しています。

In:

```
# 平均絶対誤差を計算
mae = mean_absolute_error(true_ma, pred_ma)
print("MAE: {:.3f}".format(mae))
```

Out:

```
MAE: 0.159
```

最後に、実際の終値（close）と25日移動平均（true_25MA）に合わせて予測した25日移動平均（predicted_25MA）をプロットします。

Chapter 5

In:

```
# 終値と25日移動平均を図示
date = dataset['date'][-1*test_len:]                                 # テストデータの日付
test_close = dataset['close'][-1*test_len:].values.reshape(-1)  # テストデータの終値
plt.figure()
plt.title('YHOO Stock Price Prediction')
plt.xlabel('Date')
plt.ylabel('Stock Price')
plt.plot(date, test_close, color='black',
         linestyle='-', label='close')
plt.plot(date, true_ma, color='dodgerblue',
         linestyle='--', label='true_25MA')
plt.plot(date, pred_ma, color='red',
         linestyle=':', label='predicted_25MA')
plt.legend()              # 凡例
plt.xticks(rotation=30)  # x軸ラベルを30度回転して表示
plt.show()
```

Out:

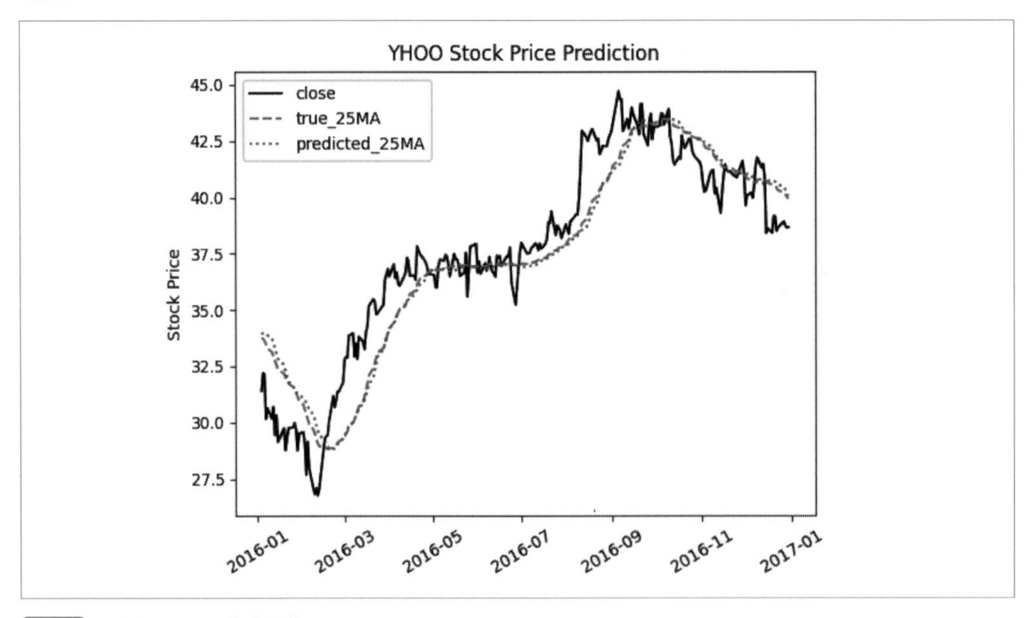

図5-6 予測した25日移動平均

図5-6をみると、急激な株価の変動を十分に予測することはできていませんが、それ以外の

安定した株価変動にはおおむね対応できているようです。このような株価を予測するAIは、次の日に株価が上がるか下がるかを迷う場面で有用な判断材料となるかもしれません。

3 Webアプリケーションへの組み込み【サンプルコード】

本節では、PyTorchをどのようにWebアプリケーションに組み込むのかについて説明していきます。

ここで紹介する必要なファイルやデータ構造は、Webアプリケーションを開発する上で基本的なものです。Webアプリケーションがどのように構築されているのかを学ぶことによって、Webアプリケーション開発の流れがイメージしやすくなります。

学習目標

- **Flaskを用いたWebアプリケーションの作成**
- **Webアプリケーション作成の流れを理解**
- **Webサーバーの起動**
- **flask_ngrokを用いたWebサーバーへのアクセス**

使用ファイル

Section5-3.ipynb
webapp.zip

PyTorchを使っている方の中には、PyTorchで作成したモデルをWebアプリケーションに組み込んで使いたい方がいらっしゃると思います。ここでは、PyTorchで作成したモデルをどのようにしてWebアプリケーションに組み込んでいくのかをイメージしてもらうため、大まかな流れを説明していきます。

ここでは例として、前節で作成した株価を予測するAIを使って、株価予測をWeb上で実行できるWebアプリケーションを作成します。

まずはじめに、Webアプリケーションを作るために必要なパッケージやファイルを準備しましょう。本節で使用する種々のファイルは、筆者のリポジトリでは「webapp.zip」といった形で圧縮して配布しています。一度ZIPを解凍してからファイルを使用してください。ZIPの解凍コマンドは、「**Section5-3.ipynb**」に記載してあります。

3.1 Flaskのインストール

Flask（フラスコ/フラスク）は、PythonのWebアプリケーションフレームワークです。他にPythonのWebアプリケーションフレームワークでよく使われるものとして、DjangoやBottleがあります。

特にDjango（ジャンゴ）は最も人気のあるフレームワークで、大規模な開発に向いており、必要な機能が一通り揃っています。Bottle（ボトル）は最もシンプルで軽量なフレームワークで、簡易的な開発に向いています。FlaskはDjangoとBottleの中間に位置するフレームワークで、必要最低限の機能を備えつつ開発も簡単で、初心者にはおすすめです。

Flaskをインストールするには、次のコマンドを実行します。

```
$ pip3 install flask
```

3.2 必要なファイル

ここで作成するWebアプリケーションに必要なファイルは次のとおりです。

main.pyを実行することで、自身のPCでWebサーバーを立ち上げます。predict_stockprice.pyは、株価予測をするためのスクリプトです。templateフォルダには、Webページを表示するためのhtmlファイルが格納されています。また、staticフォルダにはWebページに表示するための画像や株価予測のためのファイルが保存されています。

```
$ tree .
.
├── main.py                                       # 実行ファイル
├── predict_stockprice.py                         # 株価予測スクリプト
├── static
│   ├── images
│   │   ├── logo.png                              # ロゴ画像
│   │   └── stock_price_prediction_sample.png     # 株価予測のサンプル画像
│   ├── predict_files
│   │   └── stock_price_prediction.png            # 株価予測の結果画像
│   └── train_files
│       ├── net.pth      # PyTorchで作成したネットワークのパラメータが保存されたファイル
│       └── scaler.pkl   # 学習データの平均値と標準偏差が保存されたファイル
└── templates
    ├── get.html    # 株価入力ページ
    └── post.html   # 株価予測ページ
```

3.3 ファイルの中身

次に、必要なファイルの中身をそれぞれみていきましょう。

▶ main.py

main.pyは、自身のPCにWebサーバーを立ち上げてWebアプリケーションを実装するスクリプトです。ここで、URLのルート設定やGET、POSTといったHTTPメソッドを制御することができます。このmain.pyにHTMLコードを記述しなくても、w templateフォルダにHTMLファイルを用意していれば、render_templateにファイル名のみを渡すだけでHTMLコードを読み込むことができます。たとえば、render_template('get.html')であれば、templateフォルダのget.htmlを読み込みます。

main.pyで扱った変数をrender_templateに引数として渡すことでHTMLに変数を渡すことができます。たとえば、render_template('post.html', y_pred=y_pred, sub_ma=sub_ma, datetime=datetime)であれば、変数として株価予測値y_predをy_pred、現在と明日の株価の差sub_maをsub_ma、現在の日時datetimeをdatetimeとして、post.htmlに渡します。

また、app.runを実行することで、Webサーバーが立ち上がりアクセスするためのURLが出力されます。app.runをデフォルトで実行した場合には、自身のPCからのみアクセスが可能で、外部からはアクセスできないようになっています。この時、自身のPCを用いてWebサーバーを立ち上げる場合には問題ありませんが、Google Colaboratory上で実行する場合には、この手法ではWebサーバーにアクセスできません。そこで、「flask_ngrok」を使って自身のPCで稼働しているWebサーバーを外部に公開することでアクセスできるようにします。Google Colaboratory上でWebサーバーを立ち上げる際には、run_with_ngrok(app)も実行してください。

```
from flask_ngrok import run_with_ngrok
from flask import Flask, request, render_template
from urllib.error import URLError, HTTPError
import os
import predict_stockprice

app = Flask(__name__)  # Flaskのインスタンスを作成
# run_with_ngrok(app)  # Google Colaboratoryを使う場合に実行


@app.route('/', methods=['GET', 'POST'])  # ルーティング
```

Chapter 5

```
def index():
    if request.method == 'GET':
        return render_template('get.html')          # 株価入力ページを表示
    elif request.method == 'POST':
        data = request.form["data"].split('\r\n')  # 入力された株価をリストに変換
        data = [float(val) for val in data if val != '']     # 空白のlistを削除

        y_pred, sub_ma = predict_stockprice.main(data)      # 株価の予測を実行
        from datetime import datetime
        datetime = datetime.now().strftime('%Y%m%d%H%M%S')  # 現在の日時を取得
        return render_template('post.html', y_pred=y_pred, sub_ma=sub_ma, dateti
me=datetime)                                                # 株価予測ページを表示



if __name__ == "__main__":
    app.run()  # Webサーバーの立ち上げ
```

▶ predict_stockprice.py

predict_stockprice.pyは、明日の株価の25日移動平均を予測するスクリプトです。前節の**株価予測【サンプルコード】**で作成したコードをベースに作成されています。

株価の推定には、直近の過去25日分の25日移動平均が必要です。しかし、過去25日目の25日移動平均を算出するためには、そこから過去25日分の終値が必要になります。そのため、結果的に過去50日分の終値が必要になります。

以下で行っていることは、次のとおりです。

1. 過去50日分の終値を取得
2. 過去50日分の終値から直近の過去25日分の25日移動平均を算出
3. 学習データの平均値と標準偏差で2.のデータを標準化
4. ネットワークの定義
5. 明日の25日移動平均を予測
6. 標準化を解除
7. 直近25日の終値および25日移動平均と予測した明日の25日移動平均をプロットし、"static/predict_files"にstock_price_prediction.pngとして保存
8. 25日移動平均における明日の予測値`y_pred`と予測値と現在の差`sub_ma`を出力

```python
import pandas as pd
import matplotlib.pyplot as plt
import numpy as np
import pickle
from sklearn.preprocessing import StandardScaler
import torch
from torch import nn
import torch.nn.functional as F


def preprocessing(close):
    date = range(-49, 1)  # 現在(0日目)から過去50日(-49日目)の日数
    dataset = pd.DataFrame({"date": date, "close": close})
    # 過去50日分のデータから25日移動平均を算出
    dataset['25MA'] = dataset['close'].rolling(window=25, min_periods=25).mean()
    test_dataset = dataset[25:]  # 直近の過去25日分のデータを取得

    # 標準化に必要なパラメータ(平均値、標準偏差)を読み込み
    with open(('static/train_files/scaler.pkl'), 'rb') as f:
        scaler = pickle.load(f)


    ma = test_dataset['25MA'].values.reshape(-1, 1)  # 二次元配列にreshape
    ma_std = scaler.fit_transform(ma)  # 標準化
    test_x = torch.Tensor(ma_std)      # ndarrayをPyTorchのTensorに変換
    return test_dataset, test_x, scaler


def define_nn():
    # ニューラルネットワークの定義
    class Net(nn.Module):
        def __init__(self, D_in, H, D_out):
            super(Net, self).__init__()
            self.lstm = nn.LSTM(D_in, H, batch_first=True,
                                num_layers=1)
            self.linear = nn.Linear(H, D_out)

        def forward(self, x):
            output, (hidden, cell) = self.lstm(x)
```

```
        output = self.linear(output[:, -1, :])  #
        return output

    # # ハイパーパラメータの定義
    D_in = 1    # 入力次元: 1
    H = 200     # 隠れ層次元: 200
    D_out = 1   # 出力次元: 1

    # # CPUとGPUのどちらを使うかを指定
    device = torch.device("cuda" if torch.cuda.is_available() else "cpu")
    # # 保存した学習パラメータを読み込む
    net = Net(D_in, H, D_out).to(device)
    net.load_state_dict(torch.load(
        "static/train_files/net.pth", map_location=device))
    return net, device


def predict(net, device, scaler, test_x):
    # ニューラルネットワークを評価モードに設定
    net.eval()
    # 推定時の計算で自動微分機能をオフにする
    with torch.no_grad():
        # GPUにTensorを転送
        data = test_x.to(device)
        # データを入力して予測値を計算(順伝播)
        y_pred = net(data.view(1, -1, 1)).tolist()
    # 標準化の解除
    y_pred = scaler.inverse_transform(y_pred)[0][0]
    y_today = scaler.inverse_transform([test_x.tolist()[-1]])[0][0]
    # 予測した1日後の移動平均と現在の移動平均を比較
    sub_ma = y_pred - y_today
    print('pred_ma: {:.2f}'.format(y_pred))
    print('sub_ma: {:.2f}'.format(sub_ma))
    return round(y_pred, 2), round(sub_ma, 2)  # 小数点第二位で丸める


def plot_result(test_dataset, y_pred):
    # 終値と25日移動平均を図示
    plt.figure()
```

```
    plt.xlabel('Date')
    plt.ylabel('Stock Price')
    plt.plot(test_dataset['date'], test_dataset['close'], color='black',
             linestyle='-', label="close")
    plt.plot(test_dataset['date'], test_dataset['25MA'], color='dodgerblue',
             linestyle='--', label='true_25MA')
    plt.plot(1, y_pred, color='red', label='predicted_25MA',
             marker='*', markersize=10)
    plt.legend()                # 凡例
    plt.xticks(rotation=30)  # x軸ラベルを30度回転して表示
    plt.savefig("static/predict_files/stock_price_prediction.png")  # 図の保存


def main(data):
    test_dataset, test_x, scaler = preprocessing(data)       # 株価の前処理
    net, device = define_nn()             # ニューラルネットワークの定義とパラメータの読み込み
    y_pred, sub_ma = predict(net, device, scaler, test_x)  # 株価予測
    plot_result(test_dataset, y_pred)                          # 結果の図示
    return y_pred, sub_ma


if __name__ == "__main__":
    y_pred, sub_ma = main(data)
```


▶ get.html

get.htmlは、株価を取得するWebページを作成するためのファイルです。

このWebページにアクセスして、過去50日分の株価の終値を入力し、送信ボタンを押します。そうすることで、predict_stockprice.pyに過去の株価が渡され、株価を予測することができます(図5-7)。データを入力する際にはエクセルに値を記入後、それらを入力欄にコピペしてもかまいません。

このHTMLコードには、CSSのフレームワークとしてTwitter社が開発したBootstrap(https://getbootstrap.com/)を使用しています。さらに、Pythonを使ったWeb開発でよく用いられるjinja2(https://palletsprojects.com/p/jinja/)を組み込んでいます。jinja2は、テンプレートエンジンライブラリの1つで、テンプレートファイルの読み込み、文字列の埋め込み、分岐・ループの制御文をサポートします。詳しくは、jinja2の公式ホームページにあるドキュメントをご覧ください。

```
<!doctype html>
<html lang="jp">

<head>
    <meta charset="UTF-8">
    <meta name="viewport" content="width=device-width, initial-scale=1.0">
    <title>StoPP ~Stock Price Prediction AI~</title>
    <style>
        h3 {
            color: #444444;
            background: #f3f3f3;
            padding: 10px 15px;
            border-left: 10px solid #4696A3;
            font-size: 25px;
        }

        h4 {
            padding: 4px 10px;
            color: #111;
            border-bottom: 2px solid #4696A3;
        }

        body {
            margin: 0;
        }

        .header {
            margin-left: auto;
            margin-right: auto;
        }

        .main {
            margin-left: auto;
            margin-right: auto;
        }
    </style>
    <link rel="stylesheet" href="https://stackpath.bootstrapcdn.com/
bootstrap/4.4.1/css/bootstrap.min.css"
        integrity="sha384-Vkoo8x4CGsO3+Hhxv8T/Q5PaXtkKtu6ug5TOeNV6gBiFeWPGFN9Muh
Of23Q9Ifjh" crossorigin="anonymous">
```

```
</head>

<body>
    <div class="container-fluid">

        <header class="header">
            <div class="row">
                <div class="col-lg-12">
                    <a href="{{ url_for('index') }}"><img src="/static/images/
logo.png" class="img-fluid"></a>
                </div>
            </div>
        </header>

        <main class="main">
            <div class="row">
                <div class="col-lg-12">
                    <br>
                    <p>
                        <b>StoPP</b> (Stock Price Prediction)は、株価の25日移動平均を
予測するAIです。<br>
                    </p>
                </div>
            </div>

            <div class="row">
                <div class="col-lg-12">
                    <form action="{{ url_for('index') }}" method="post">
                        <div class="form-group">
                            <label for="data" class=""><b>過去50日分の終値を1行ずつ入
力してください。</b></label>
                            <textarea name="data" class="form-control" id="data"
rows="50" cols="1">
125.840
119.980
114.950
116.620
114.970
115.550
112.850
```

```
114.380
112.530
110.380
109.300
110.000
111.950
110.120
111.000
110.710
112.580
114.470
114.500
110.560
114.050
115.710
114.020
111.160
110.650
107.520
107.130
107.840
110.770
111.240
111.600
110.330
113.040
111.890
111.560
112.880
112.750
113.320
115.510
116.780
117.000
117.190
116.950
116.710
116.490
116.820
```

```
120.620
120.630
120.700
120.820</textarea>
                        </div>
                        <button type="submit" class="btn btn-primary">実行</
button>
                        <button type="reset" class="btn btn-light">クリア</button>
                    </form>
                    <br>
                </div>
            </div>

            <div class="row">
                <div class="col-lg-12">
                    <p>
                    <h4>出力結果 例</h4>
                    <img src="/static/images/stock_price_prediction_sample.png"
class="img-fluid">
                    </p>
                </div>
            </div>
        </main>

        <script src="https://code.jquery.com/jquery-3.4.1.slim.min.js"
            integrity="sha384-J6qa4849blE2+poT4WnyKhv5vZF5SrPo0iEjwBvKU7imGFAV0w
wj1yYfoRSJoZ+n"
            crossorigin="anonymous"></script>
        <script src="https://cdn.jsdelivr.net/npm/popper.js@1.16.0/dist/umd/
popper.min.js"
            integrity="sha384-Q6E9RHvbIyZFJoft+2mJbHaEWldlvI9IOYy5n3zV9zzTtmI3Uk
sdQRVvoxMfooAo"
            crossorigin="anonymous"></script>
        <script src="https://stackpath.bootstrapcdn.com/bootstrap/4.4.1/js/
bootstrap.min.js"
            integrity="sha384-wfSDF2E50Y2D1uUdj0O3uMBJnjuUD4Ih7YwaYd1iqfktj0Uod8
GCExl3Og8ifwB6"
            crossorigin="anonymous"></script>
    </div>
</body>

</html>
```

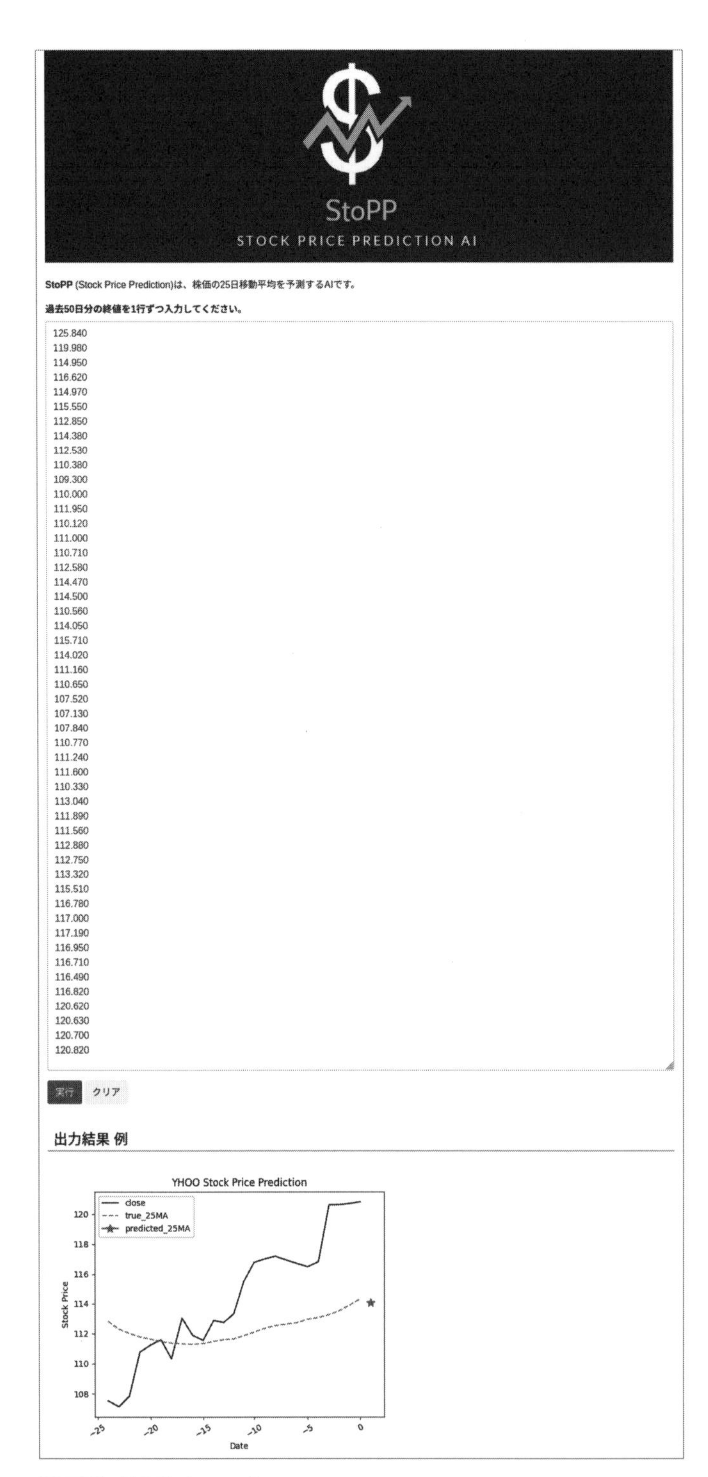
StoPP
STOCK PRICE PREDICTION AI
StoPP (Stock Price Prediction)は、株価の25日移動平均を予測するAIです。
過去50日分の終値を1行ずつ入力してください。
125.840
119.980
114.950
116.620
114.970
115.550
112.850
114.380
112.530
110.380
109.300
110.000
111.950
110.120
111.000
110.710
112.580
114.470
114.500
110.560
114.050
115.710
114.020
111.160
110.650
107.520
107.130
107.840
110.770
111.240
111.600
110.330
113.040
111.890
111.560
112.880
112.750
113.320
115.510
116.780
117.000
117.190
116.950
116.710
116.490
116.820
120.620
120.630
120.700
120.820
実行
クリア
出力結果 例
YHOO Stock Price Prediction
close
true_25MA
predicted_25MA
Stock Price
Date
120
118
116
114
112
110
108
-25
-20
-15
-10
-5
0

図5-7 株価入力ページ

▶ post.html

post.htmlは、predict_stockprice.pyが出力する25日移動平均における明日の予測値y_predと、予測値と現在の差sub_ma、さらに予測結果の図を取得・表示します（図5-8）。「画像を保存」ボタンを押すことで、画像を保存することもできます。

```
<!DOCTYPE html>
<html lang="jp">

<head>
    <meta charset="UTF-8">
    <meta name="viewport" content="width=device-width, initial-scale=1.0">
    <title>StoPP ~Stock Price Prediction AI~</title>
    <style>
        h3 {
            color: #444444;
            background: #f3f3f3;
            padding: 10px 15px;
            border-left: 10px solid #4696A3;
            font-size: 25px;
        }

        h4 {
            padding: 4px 10px;
            color: #111;
            border-bottom: 2px solid #4696A3;
        }

        body {
            margin: 0;
        }

        .header {
            margin-left: auto;
            margin-right: auto;
        }

        .main {
```

```
            margin-left: auto;
            margin-right: auto;
        }
    </style>
    <link rel="stylesheet" href="https://stackpath.bootstrapcdn.com/
bootstrap/4.4.1/css/bootstrap.min.css"
        integrity="sha384-Vkoo8x4CGsO3+Hhxv8T/Q5PaXtkKtu6ug5TOeNV6gBiFeWPGFN9Muh
Of23Q9Ifjh" crossorigin="anonymous">
</head>

<body>
    <div class="container-fluid">

        <header class="header">
            <div class="row">
                <div class="col-lg-12">
                    <a href="{{ url_for('index') }}"><img src="/static/images/
logo.png" class="img-fluid"></a>
                </div>
            </div>
        </header>


        <main class="main">
            <div class="row">
                <div class="col-lg-12">
                    <p>
                    <h3>予測結果</h3>
                    明日の25日移動平均： <font size="5" color="green""><b>{{ y_pred
}}</b></font><br>
                    明日の移動平均 ー 今日の移動平均： <font size=" 5"
color="green"><b>{{ sub_ma }}</b></font><br>
                    </p>
                </div>
            </div>

            <div class="row">
                <div class="col-lg-12">
                    <img src="static/predict_files/stock_price_prediction.png?{{
datetime }}" class="img-fluid" /><br>
```

```
                </div>
            </div>

            <br>
            <p>
                <a href="static/predict_files/stock_price_prediction.png"
class="btn btn-success" role="button"
                    download><big>画像を保存</big></a>
                <a href="{{ url_for('index') }}" class="btn btn-light"
role="button"><big>戻る</big></a>
            </p>
        </main>
    </div>

    <script src="https://code.jquery.com/jquery-3.4.1.slim.min.js"
        integrity="sha384-J6qa4849blE2+poT4WnyKhv5vZF5SrPo0iEjwBvKU7imGFAV0wwj1y
YfoRSJoZ+n"
        crossorigin="anonymous"></script>
    <script src="https://cdn.jsdelivr.net/npm/popper.js@1.16.0/dist/umd/popper.
min.js"
        integrity="sha384-Q6E9RHvbIyZFJoft+2mJbHaEWldlvI9IOYy5n3zV9zzTtmI3UksdQR
VvoxMfooAo"
        crossorigin="anonymous"></script>
    <script src="https://stackpath.bootstrapcdn.com/bootstrap/4.4.1/js/bootstrap.
min.js"
        integrity="sha384-wfSDF2E50Y2D1uUdj0O3uMBJnjuUD4Ih7YwaYd1iqfktj0Uod8GCEx
l3Og8ifwB6"
        crossorigin="anonymous"></script>

</body>

</html>
```

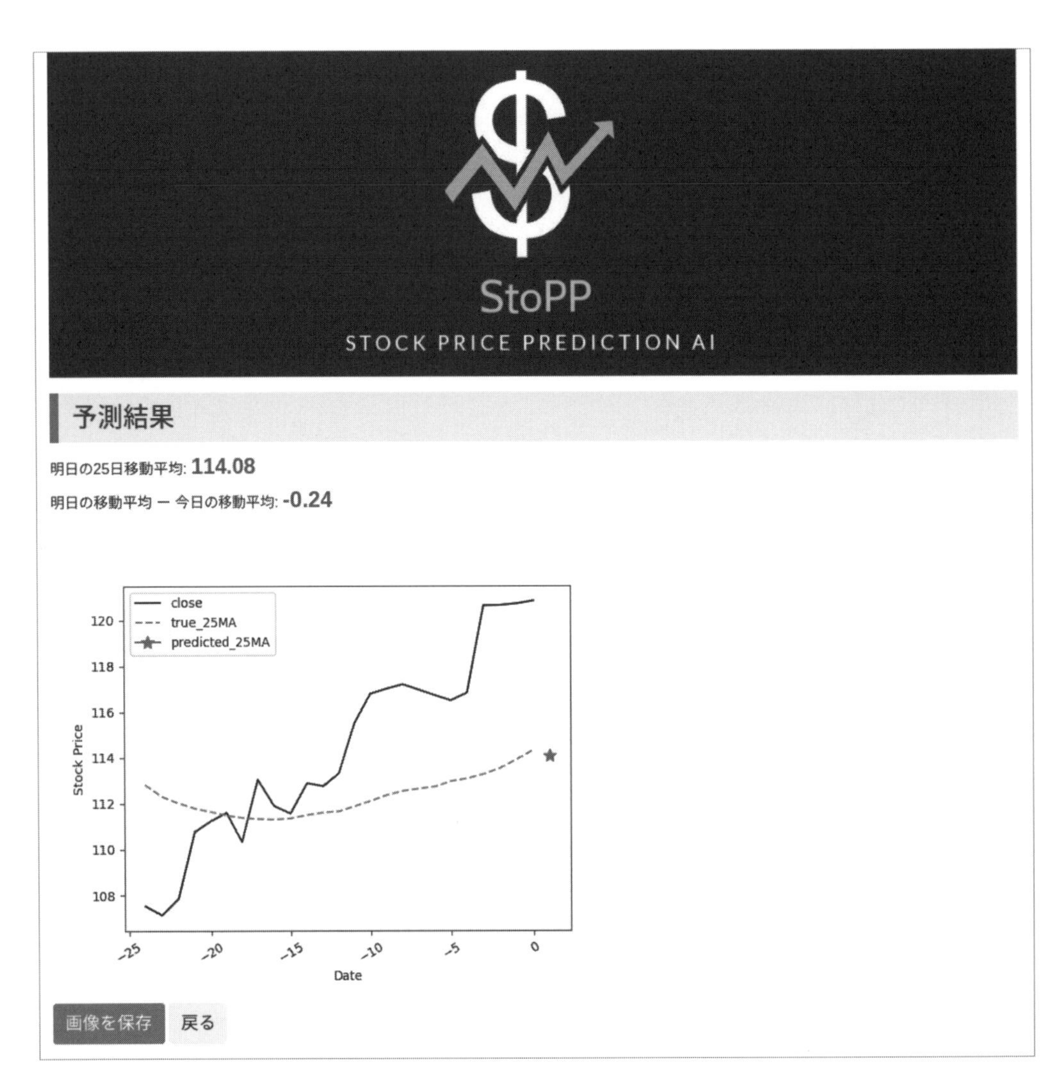

図5-8 **株価予測ページ**

3.4 実行

ではいよいよ、学習の実行です。Flaskを用いたWebアプリケーションを使用するために、Webサーバーを立ち上げます。

ここでは、自身のPCを用いてWebサーバーを立ち上げる方法を紹介していますが、レンタルサーバーでも作業内容は同じです。

必要なファイルが揃っているディレクトリ（「Chapter6」のフォルダ内）へ移動し、「main.py」を実行します。実行後、自身のPCでWebサーバーが立ち上がるので、そこへアクセスします。Ubuntu上で実行した場合、次のような実行結果が出力されます。

```
$ python3 main.py
 * Serving Flask app "main" (lazy loading)
 * Environment: production
   WARNING: This is a development server. Do not use it in a production
deployment.
   Use a production WSGI server instead.
 * Debug mode: off
 * Running on http://127.0.0.1:5000/ (Press CTRL+C to quit)
```

この例であれば、Running on http://127.0.0.1:5000/とログが出ているため、「http://127.0.0.1:5000/」にアクセスします。アクセスするには、Webブラウザ（ChromeやFirefoxなど）を開き、アドレスバーに「http://127.0.0.1:5000/」を入力して「Enter」キーを押します。アクセスすると、先ほど示した図5-7のような株価入力ページが開きます。

Google Colaboratory上で実行した場合には、次のようにログが出力されます。

```
 !python3 main.py
 * Serving Flask app "main" (lazy loading)
 * Environment: production
   WARNING: This is a development server. Do not use it in a production
deployment.
   Use a production WSGI server instead.
 * Debug mode: off
 * Running on http://127.0.0.1:5000/ (Press CTRL+C to quit)
 * Running on http://67c52b02875b.ngrok.io
 * Traffic stats available on http://127.0.0.1:4040
```

Google Colaboratoryでは、flask_ngrokで生成されたURLにアクセスします。

この例であれば、「http://67c52b02875b.ngrok.io」にアクセスすることでWebアプリを使用することができます。

この章では、PyTorchを組み込んだ株価データを推定するWebアプリケーションを作成しました。さらに本格的なものにするには、このWebアプリケーションの機能を拡張して、株価をまとめているWebページから株価を収集し自身のデータベースに保存します。さらにデータベースを参照して過去の株価を入力し、明日の株価を予測するまでの処理を自動でできるようにします。

作成したWebアプリケーションは、レンタルサーバー上で利用できるようにデプロイして公開するのが一般的です。デプロイする方法は様々ですが、比較的に簡単で初心者におすすめなのはHeroku（https://jp.heroku.com/）を用いたデプロイです。Herokuでのデプロイは、Gitコマンドを使ってできるので、Gitを普段から使われてる方には取っ付きやすいと思います。

Chapter 5 まとめ

再帰型ニューラルネットワーク（時系列データの予測）
～株価予測プログラムを作る～

☑ この章では、以下のことを学びました。

1 再帰型ニューラルネットワークについて

☐ 時間の情報をもった時系列データを学習する、再帰型ニューラルネットワーク（RNN）やLSTMについて学びました。

2 株価予測【サンプルコード】

☐ 前準備（パッケージのインポート）から訓練データとテストデータの用意、ニューラルネットワークの定義、結果の可視化まで、サンプルコードを通してLSTMを用いた株価予測の実装方法を学びました。

3 Webアプリケーションへの組み込み【サンプルコード】

☐ PyTorchで作成した株価予測AIを、Flaskを用いてWebアプリケーションに組み込む方法を学びました。

再帰型ニューラルネットワーク（テキストデータの分類）～映画レビューの感情分析プログラムを作る～

本章では、再帰型ニューラルネットワーク（RNN）を用いた感情分析について解説していきます。

商品やサービスに対するレビュー（文章情報）から、顧客がそれに対してどのような感情を抱いていたのかを分析することで、商品やサービスの良さや悪さを知ることができ、品質向上に役立てることができます。文章は単語同士が独立して意味を成しているのではなく、お互いが関係しあって1つの意味を成しており、「一種の時系列データ」とみなすことができます。

1 ディープラーニングを用いた感情分析

学習目標

- 感情分析の概要、歴史、役割

使用ファイル

なし

近年、人間の入力した文章（テキスト情報）をAIが分析して、人間の感情を分析できるようになってきました。その技術は、商品や食べ物、映画などのレビューの感情分析に応用されています。たとえば、食べ物のレビューに「おいしかった」「絶品」といった単語があれば、そのユーザーはポジティブな感情を抱いていることが予測できます。一方で、「まずい」「ひどい」といったレビューであれば、ネガティブな感情を抱いているでしょう。これらの感情分析をすることによって、製品やサービスに対する評価を知ることができ、品質改善に役立てることができます。特に近年ではインターネットが普及し、FacebookやTwitterのようなSNS、個人ブログ、Amazonや楽天などのECサイトの商品レビューなど、Web上には商品やサービスに対する感想が大量に存在し、それらを利用できないかということで、近年、感情分析が注目されています。

感情分析で昔から行われていた手法は感情辞書をベースとした感情分析でした。感情辞書は、単語とその単語が表す感情との対応関係が記されており、「おいしい」はポジティブ、「まずい」はネガティブといった、単語でポジティブとネガティブを判定する単純な手法でした。この手法は判定結果の解釈がしやすいといったメリットがありますが、人による表現の多様性に対応するためにはそれらに対応するルールを全て作成しなければならず、感情辞書に載っていない単語は評価できないといったデメリットがあります。そこで、ディープラーニングによる感情分析が提案されました。

ディープラーニングで、ある程度どのような文章がポジティブかネガティブなのかを学習させると、学習したことのない単語や表現があったとしても過去に学習したことから予測して判定することができるため、感情辞書での問題点を解消することができます。これにより、ディープラーニングを用いた感情分析の分野は、急速に発展してきています。

2 感情分析の基本【サンプルコード】

本節では、LSTMを用いた基本的な感情分析について説明します。LSTMを用いた感情分析の流れや、テキストデータの前処理方法を習得することができます。

学習目標

- **LSTMを用いた感情分析の流れ**
- **テキストデータの前処理**

使用ファイル

- **Section6-2.ipynb**

文章データは、インターネット・ムービー・データベース（Internet Movie Database：IMDb）データセットという映画のレビューを用いて、入力されたレビューがポジティブなものかネガティブなものかを分析・分類します。

この節では、LSTMの感情分析における基本的なことに焦点を当てて説明していくため、分類精度については考慮しません。この後の節で、さらなる感情分析向上のためのテクニックを解説します。

2.1 映画レビュー（Internet Movie Database：IMDb）

感情分析の対象データとして、IMDbにある映画レビューを用います。IMDbの映画レビューデータセットには50,000の映画レビューのテキストデータと、それに対するポジティブ・ネガティブのラベルがあります。訓練データとテストデータは25,000ずつあり、ポジティブ・ネガティブの割合は訓練データとテストデータともに同じ割合になるように割り振られています。図6-1は、IMDbの映画レビューデータの一部です。

レビュー	感情
big hair big bad music and a giant safety these are the words to best describe this terrible movie i love cheesy horror movies and i've seen hundreds but this had got to be on of the worst ever made the plot is paper thin and ridiculous the acting is an the script is completely laughable	Negative: 0
this has to be one of the worst films of the when my friends i were watching this film being the target audience it was aimed at we just sat watched the first half an hour with our jaws touching the floor at how bad it really was the rest of the time everyone else in the theatre just started talking to	Negative: 0
production values and solid performances in this of jane classic about the marriage game within and between the classes in century england and paltrow are a mixture as friends who must pass through and lies to discover that they love each other good humor is a which goes a long	Positive: 1
this film was just brilliant casting location scenery story direction everyone's really suited the part they played and you could just imagine being there robert is an amazing actor and now the same being director father came from the same scottish island as myself so i loved the fact there	Positive: 1

図6-1 IMDbの映画レビューデータ

2.2 前準備（パッケージのインポート）

まずはじめに、感情分析を行うために必要となるパッケージをインポートしましょう。

In:

```
# 必要なパッケージのインポート
import numpy as np
import spacy
import matplotlib.pyplot as plt
import torch
from torchtext import data
from torchtext import datasets
from torch import nn
import torch.nn.functional as F
from torch import optim
```

テキストデータの前処理として、自然言語処理ライブラリであるspaCyを用います。インストールしていない場合には、spaCyをインストールする必要があります。

In:

```
$ pip3 install spacy
```

2.3 訓練データとテストデータの用意

では、先ほど紹介したIMDbの映画レビューデータセットを作成していきます。

テキストデータを処理する上で、TorchTextには概念としてField（フィールド）があります。Fieldのパラメータには、テキストデータの処理方法を指定します。テキストデータのField all_textsでレビューの処理方法を指定し、ラベルデータのField all_labelsで感情のラベル（0：ネガティブ、1：ポジティブ）の処理を指定します。

テキストデータのFieldには引数としてtokenize = 'spacy'がありますが、これは文章を単語に分割する方法（トークン化）を、自然言語処理ライブラリspaCyのアルゴリズムを使って実行することを意味します。また、tokenizeを指定しない場合には、デフォルトでスペースで文字列を分割します。ラベルデータのFieldには、この先の学習のためにラベルのデータ型がdtype = torch.floatとなるように変換します。

In:*

```
# Text, Label Fieldの定義
all_texts = data.Field(tokenize = 'spacy')          # テキストデータのField
all_labels = data.LabelField(dtype = torch.float)  # ラベルデータのField
```

Fieldを定義できたら、次のコードを実行してIMDbデータセットを取得します。訓練データとテストデータそれぞれに25,000個のレビューと、それに対するポジティブ・ネガティブのラベルがあります。

In:

```
# データの取得
from torchtext import datasets
train_dataset, test_dataset = datasets.IMDB.splits(all_texts, all_labels)

print("train_data size: {}".format(len(train_dataset)))  # 訓練データのサイズ
print("test_data size: {}".format(len(test_dataset)))    # テストデータのサイズ
```

Out:

```
train_data size: 25000
test_data size: 25000
```

* 「[E050] Can't find model 'en'. It doesn't seem to be a shortcut link, a Python package or a valid path to a data directory.」といったエラーが発生する場合、次のコマンドを実行した後に再度サンプルコードを実行してください。

```
$ sudo python3 -m spacy download en
```

ここで、訓練データからデータを1つ取り出して、レビューの中身を確認してみましょう。

In:

```
# 訓練データの中身の確認
print(vars(train_dataset.examples[0]))
```

Out:

```
{'text': ['There', 'is', 'great', 'detail', 'in', 'A', 'Bug', "'s", 'Life', '.',
'Everything', 'is', 'covered', '.', 'The', 'film', 'looks', 'great', 'and',
'the', 'animation', 'is', 'sometimes', 'jaw', '-', 'dropping', '.', 'The',
'film', 'is', "n't", 'too', 'terribly', 'orignal', ',', 'it', "'s", 'basically',
'a', 'modern', 'take', 'on', 'Kurosawa', "'s", 'Seven', 'Samurai', ',', 'only',
'with', 'bugs', '.', 'I', 'enjoyed', 'the', 'character', 'interaction',
'however', 'and', 'the', 'bad', 'guys', 'in', 'this', 'film', 'actually',
'seemed', 'bad', '.', 'It', 'seems', 'that', 'Disney', 'usually', 'makes',
'their', 'bad', 'guys', 'carbon', 'copy', 'cut', '-', 'outs', '.', 'The',
'grasshoppers', 'are', 'menacing', 'and', 'Hopper', ',', 'the', 'lead', 'bad',
'guy', ',', 'was', 'a', 'brillant', 'creation', '.', 'Check', 'this', 'one',
'out', '.'], 'label': 'pos'}
```

文章を単語に分けることができましたが、コンピュータは文字列を認識することはできず、認識できるのは数字のみです。そこで、数字（インデックス）と単語が1対1で対応した単語帳を作成する必要があります。各単語のインデックスを用いて、図6-2のように0と1で構成されるone-hotベクトルを生成します。

word	index	one-hot vector
I	0	[1, 0, 0, 0]
hate	1	[0, 1, 0, 0]
this	2	[0, 0, 1, 0]
film	3	[0, 0, 0, 1]

図6-2 **単語帳の生成**

検証データ内に存在する一意の単語数は100,000を超えているため、one-hotベクトルの次元数も100,000を超えることになります。そのため、学習にかかる時間が膨大になってしまいます。そこで、出現頻度の高い単語のみを残し、出現頻度の少ない単語を排除し、単語帳から単語を減らしていきます。ここでは、出現頻度が上位25,000の単語のみを保持します。そうすると、単語帳から排除された単語はどのように扱うのか？といった疑問が出てきますが、単語帳に載っていない単語は<unk>といった形でトークンにします。たとえば、"This film is great and I love it"という文章が"This film is great and I <unk> it"となった場合には、"love"という単語が単語帳になかったことを意味します。

実際に単語帳を生成するには、次のコードを実行します。ここで、訓練データのみを使って単語帳を作っていることに注目してください。テストデータは本来、未知のデータです。そのため、単語帳を作るためにテストデータを使用してはいけません。なぜならば、テストの出題範囲を前もって知っていては、回答者の本当の能力（精度）を評価できないからです。

In:

```
# 単語帳(Vocabulary)の作成
max_vocab_size = 25_000

all_texts.build_vocab(train_dataset, max_size = max_vocab_size)
all_labels.build_vocab(train_dataset)

print("Unique tokens in all_texts vocabulary: {}".format(len(all_texts.vocab)))
print("Unique tokens in all_labels vocabulary: {}".format(len(all_labels.
vocab)))
```

Out:

```
Unique tokens in all_texts vocabulary: 25002
Unique tokens in all_labels vocabulary: 2
```

単語帳のサイズを確認すると、25,000ではなく25,002になっています。これは、不明な単語に付与される<unk>トークンと、文章の長さを揃えるために使われる<pad>トークンの2つが加わっているからです。バッチを用いた学習をする際には、バッチ内で全ての文章の長さが同じである必要があります。そのため、バッチ内の各文章のサイズが同じになるように、短い文章にはパディング<pad>を追加します。図6-3はその一例です。

sent1	sent2
I	This
hate	film
this	sucks
film	<pad>

図6-3　文章の長さを<pad>トークンで調節

では、単語の頻度が上位20位のものを表示してみましょう。

In:

```
# 上位20位の単語
print(all_texts.vocab.freqs.most_common(20))
```

Out:

```
[('the', 289838), (',', 275296), ('.', 236843), ('and', 156483), ('a', 156282),
('of', 144055), ('to', 133886), ('is', 109095), ('in', 87676), ('I', 77546),
('it', 76545), ('that', 70355), ('"', 63329), ("'s", 61928), ('this', 60483),
('-', 52863), ('/><br', 50935), ('was', 50013), ('as', 43508), ('with', 42807)]
```

ここまでくると、IMDbから取得したレビュー文章は数字に変換されていますが、itos（**i**nt **to s**tring）メソッドを使うことによって文字データに変換することができます。

In:

```
# テキストは数値化されているが、テキストに変換することもできる
print(all_texts.vocab.itos[:10])
```

Out:

```
['<unk>', '<pad>', 'the', ',', '.', 'and', 'a', 'of', 'to', 'is']
```

また、ラベルデータに関してもstoi（**s**tring **to i**nt）を用いることによって、0と1がポジティブ・ネガティブどちらに対応しているのかを確認することができます。

In:

```
# labelの0と1がネガティブとポジティブどちらかを確認できる
print(all_labels.vocab.stoi)
```

Out:

```
defaultdict(<function _default_unk_index at 0x7f338a2e2c80>, {'neg': 0, 'pos':
1})
```

テキストデータセットの最後の準備として、イテレータを生成します。イテレータは、要素を反復して取り出すことができるインターフェースで、数あるミニバッチを1つずつ取り出すことができます。ここでは、BucketIteratorという特殊なイテレータを使用します。これによって、各文章の長さが同じになるようにバッチを生成し、<pad>によるパディングを最小にすることができます。また、GPUを使用している場合、deviceを引数として指定することで、イテレータによって返されたTensorをGPUに移します。

In:

```
# ミニバッチの作成
batch_size = 64
```

```
# CPUとGPUのどちらを使うかを指定
device = torch.device('cuda' if torch.cuda.is_available() else 'cpu')
# デバイスの確認
print("Device: {}".format(device))

train_batch, test_batch = data.BucketIterator.splits(
    (train_dataset, test_dataset),  # データセット
    batch_size = batch_size,        # バッチサイズ
    device = device)                # CPUかGPUかを指定

for batch in train_batch:
  print("text size: {}".format(batch.text.size()))    # テキストデータのサイズ
  print("label size: {}".format(batch.label.size()))  # ラベルデータのサイズ
  break
```

Out:

```
Device: cuda
text size: torch.Size([862, 64])
label size: torch.Size([64])
```

2.4 ニューラルネットワークの定義

次に、ニューラルネットワークを定義します。

感情分析における基本的なニューラルネットワーク構造は、埋め込み（Embedding）層とLSTM層、そして全結合層の、全部で3つの層で構成されます。図6-4は、埋め込み層とLSTM層におけるテキストデータのベクトル変換を表したものです。

まずはじめに、前処理によってone-hotベクトルになったテキストデータを埋め込み層に入力します。ここでいう**埋め込み**とは、「**文章や単語、文字などの自然言語の構成要素に対し、何らかの空間におけるベクトルを与えること**」です。つまり、入力された単語に固有のベクトルを与えます。one-hotベクトルはほとんどの要素が0であり、ある意味「疎」な状態です。そこで、このベクトルの次元をはるかに小さく、0の要素が小さくなるように、言い換えれば「密」なベクトル（Denseベクトル）となるよう、one-hotベクトルを変換します。

この埋め込み層での処理によって、LSTMへの入力次元を減らすだけでなく、レビューに対する感情に同様の影響を与える単語が、この密なベクトル空間に密接にマッピングされます。つまり、ネガティブな単語は、他のネガティブな単語のベクトルに近くなるように変化されるのと同時に、そのベクトルはポジティブとは離れるように変換されるということです。Denseベクトルが

LSTMに入力されたあと、最後に全結合層に入力し、0(ネガティブ)か1(ポジティブ)を返します。

各バッチテキストデータの形状は、[文章の長さ、バッチサイズ]のTensorです。これがone-hotベクトルに変換されます。続いて、このTensorを埋め込み層に入力し、Denseベクトルが得られます。この時のDenseベクトルの形状は、[文章の長さ、バッチサイズ、埋め込み層の次元]のTensorです。

次に、DenseベクトルがLSTMに入力され、[文章の長さ、バッチサイズ、隠れ層の次元]の出力を返します。LSTMの出力はすべてのタイムステップからの隠れ層の状態が格納されていますが、必要なのは最終ステップの隠れ層の状態です。この出力から最終ステップの隠れ層状態を抽出して全結合層に入力することで、ポジティブかネガティブかを予測することができます。

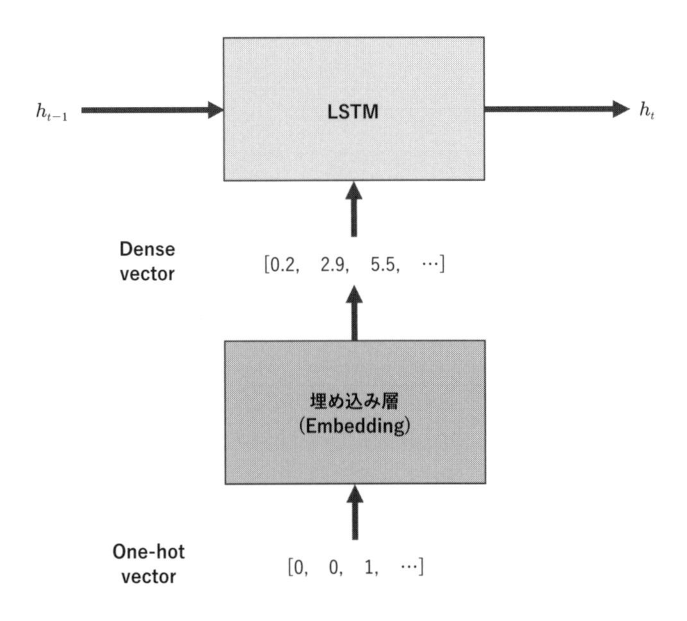

図6-4 埋め込み層とLSTM層におけるテキストデータのベクトル変換

In:
```
# ニューラルネットワークの定義
class Net(nn.Module):
    def __init__(self, D_in, D_embedding, H, D_out):
        super(Net, self).__init__()
        self.embedding = nn.Embedding(D_in, D_embedding)   # 埋め込み層
        self.lstm = nn.LSTM(D_embedding, H, num_layers=1)  # LSTM層
        self.linear = nn.Linear(H, D_out)                  # 全結合層
```

```
    def forward(self, x):
        embedded = self.embedding(x)  #embedded = [sent len, batch size, emb dim], x = [sent len, batch size]
        output, (hidden, cell) = self.lstm(embedded)  #output = [sent len, batch size, hid dim]
        output = self.linear(output[-1, : , :])  # 最後のステップのみを入力
        return output
```

次に、ニューラルネットワークのハイパーパラメータを設定します。

入力層の次元D_inは、単語帳のサイズと同じone-hotベクトルの次元です。埋め込み層の次元D_embeddingはDenseベクトルの次元で、単語帳のサイズに応じて通常50～250次元の間で設定します。隠れ層Hの次元は、通常100～500次元の間に設定します。ネガティブ（0）かポジティブ（1）の2クラスで0～1の値を出力することになるため、出力層の次元D_outは1に設定します。

In:

```
# ニューラルネットワークのロード
D_in = len(all_texts.vocab)  # 入力層の次元
D_embedding = 100            # 埋め込み層の次元
H = 256                      # 隠れ層の次元
D_out = 1                    # 出力層の次元

net = Net(D_in, D_embedding, H, D_out).to(device)  # ニューラルネットワークの読み込み
print(net)
```

Out:

```
Net(
  (embedding): Embedding(25002, 100)
  (lstm): LSTM(100, 256)
  (linear): Linear(in_features=256, out_features=1, bias=True)
)
```

2.5 損失関数と最適化関数の定義

最後に、損失関数および最適化関数を定義します。ここでは、損失関数をロジット付きバイナリ交差エントロピー損失nn.BCEWithLogitsLossを用います。ロジット付きバイナリ交差

エントロピー損失を用いることによって、損失の収束を安定させて学習することができます。

In:

```
# 損失関数の定義
criterion = nn.BCEWithLogitsLoss()  # ロジット付きバイナリ交差エントロピー損失

# 最適化関数の定義
optimizer = optim.Adam(net.parameters())
```

2.6 学習

以上の準備が完了したら、ニューラルネットワークの学習を実行します。

作成したデータセットからミニバッチbatchを取り出します。このミニバッチからレビューデータを取り出す場合にはbatch.text、ラベルデータを取り出す場合にはbatch.labelで取り出すことができます。ニューラルネットワークが出力する予測値の形状は[バッチサイズ、1]ですが、このあとの損失の計算では入力の形状が[バッチサイズ]の1次元Tensorにする必要があるため、ニューラルネットワークの出力をsqueezeメソッドで1次元のTensorに変換します。ここでは、学習回数epochを10回にして学習します。

In:

```
# 損失と正解率を保存するリストを作成
train_loss_list = []       # 学習損失
train_accuracy_list = []  # 学習データの正答率
test_loss_list = []        # 評価損失
test_accuracy_list = []   # テストデータの正答率

# 学習(エポック)の実行
epoch = 10
for i in range(epoch):
    # エポックの進行状況を表示
    print('---------------------------------------------')
    print("Epoch: {}/{}".format(i+1, epoch))

    # 損失と正解率の初期化
    train_loss = 0       # 学習損失
    train_accuracy = 0  # 学習データの正答数
```

```
    test_loss = 0        # 評価損失
    test_accuracy = 0    # テストデータの正答数

    # ---------学習パート--------- #
    # ニューラルネットワークを学習モードに設定
    net.train()
    # ミニバッチごとにデータをロードし学習
    for batch in train_batch:
        # GPUにTensorを転送
        texts = batch.text     # レビューデータ
        labels = batch.label   # ラベルデータ


        # 勾配を初期化
        optimizer.zero_grad()
        # データを入力して予測値を計算(順伝播)
        y_pred_prob = net(texts).squeeze(1)
        # 損失(誤差)を計算
        loss = criterion(y_pred_prob, labels)
        # 勾配の計算(逆伝搬)
        loss.backward()
        # パラメータ(重み)の更新
        optimizer.step()

        # ミニバッチごとの損失を蓄積
        train_loss += loss.item()

        # 予測したラベルを予測確率y_pred_probから計算
        y_pred_labels = torch.round(torch.sigmoid(y_pred_prob))
        # ミニバッチごとに正解したラベル数をカウントし、正解率を計算
        train_accuracy += torch.sum(y_pred_labels == labels).item() / len(labels)

    # エポックごとの損失と正解率を計算(ミニバッチの平均の損失と正解率を計算)
    epoch_train_loss = train_loss / len(train_batch)
    epoch_train_accuracy = train_accuracy / len(train_batch)
    # ---------学習パートはここまで--------- #

    # ---------評価パート--------- #
```

Chapter 6

```
    # ニューラルネットワークを評価モードに設定
    net.eval()
    # 評価時の計算で自動微分機能をオフにする
    with torch.no_grad():
        for batch in test_batch:
            # GPUにTensorを転送
            texts = batch.text    # レビューデータ
            labels = batch.label  # ラベルデータ
            # データを入力して予測値を計算(順伝播)
            y_pred_prob = net(texts).squeeze(1)
            # 損失(誤差)を計算
            loss = criterion(y_pred_prob, labels)
            # ミニバッチごとの損失を蓄積
            test_loss += loss.item()

            # 予測したラベルを予測確率y_pred_probから計算
            y_pred_labels = torch.round(torch.sigmoid(y_pred_prob))
            # ミニバッチごとに正解したラベル数をカウント、正解率を計算
            test_accuracy += torch.sum(y_pred_labels == labels).item() /
len(labels)
    # エポックごとの損失と正解率を計算(ミニバッチの平均の損失と正解率を計算)
    epoch_test_loss = test_loss / len(test_batch)
    epoch_test_accuracy = test_accuracy / len(test_batch)
    # ---------評価パートはここまで--------- #

    # エポックごとに損失と正解率を表示
    print("Train_Loss: {:.4f}, Train_Accuracy: {:.4f}".format(
        epoch_train_loss, epoch_train_accuracy))
    print("Test_Loss: {:.4f}, Test_Accuracy: {:.4f}".format(
        epoch_test_loss, epoch_test_accuracy))

    # 損失と正解率をリスト化して保存
    train_loss_list.append(epoch_train_loss)          # 学習損失
    train_accuracy_list.append(epoch_train_accuracy)  # 学習正答率
    test_loss_list.append(epoch_test_loss)            # テスト損失
    test_accuracy_list.append(epoch_test_accuracy)    # テスト正答率
```

Out:

```
-------------------------------------------
Epoch: 1/10
Train_Loss: 0.6942, Train_Accuracy: 0.5014
Test_Loss: 0.6829, Test_Accuracy: 0.6577
-------------------------------------------
Epoch: 2/10
Train_Loss: 0.6932, Train_Accuracy: 0.4996
Test_Loss: 0.6720, Test_Accuracy: 0.5105
-------------------------------------------
Epoch: 3/10
Train_Loss: 0.6928, Train_Accuracy: 0.4979
Test_Loss: 0.6833, Test_Accuracy: 0.4584
-------------------------------------------
...
-------------------------------------------
Epoch: 10/10
Train_Loss: 0.6870, Train_Accuracy: 0.5045
Test_Loss: 0.8039, Test_Accuracy: 0.5088
```

2.7 結果の可視化

学習を終えたら、結果を確認しましょう。

図6-5をみると損失は順調に減少しておらず、感情分析の正答率も低いことが分かります。本節でLSTMを用いた感情分析の基本的な手法を紹介してきましたが、これでは高い精度を出すためにはまだまだ不十分です。さらにテキストの前処理やニューラルネットワーク構造に工夫が必要です。

Chapter 6

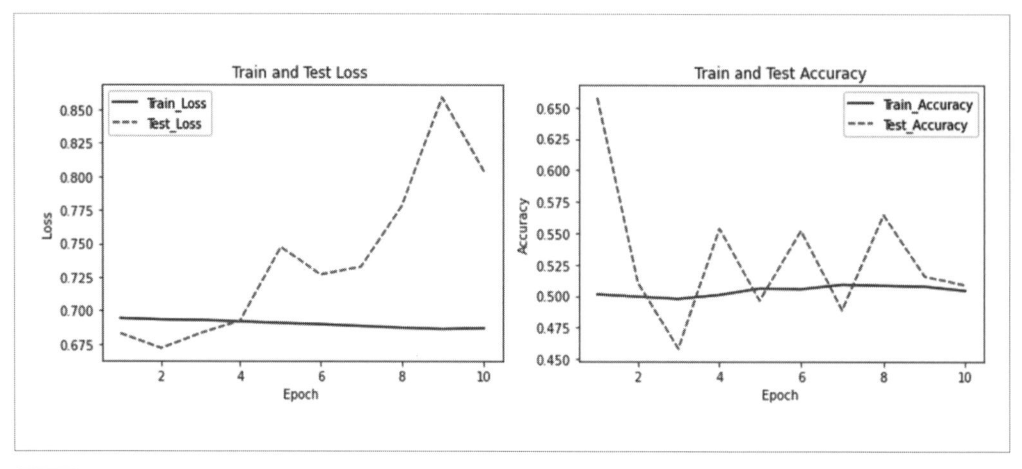

図6-5 エポックごとの損失と正解率の変化

3 感情分析の応用【サンプルコード】

前節では、LSTMを用いた感情分析の基本的な手法を紹介しました。しかしこの手法では様々な問題が存在し、高い精度を出すことができませんでした。感情分析でさらに精度を高めるには、テキストの前処理やニューラルネットワーク構造にさらなる工夫が必要です。本節では、感情分析の精度を高めるためのテクニックについて解説します。

学習目標

- **packed padded sequences**
- **学習済みの単語埋め込みの利用**
- **Bidirectional LSTMの実装**
- **多層LSTMの生成**
- **正則化**

使用ファイル

- **Section6-3.ipynb**

ここでは、前節の感情分析の基本から新たに次の項目を追加します。これらを組み込むことで、85%以上の精度を出すことができます。

・packed padded sequences
・学習済みの単語埋め込み
・Bidirectional LSTM
・多層LSTM
・正則化

3.1 前準備（パッケージのインポート）

まずはじめに、感情分析をする上で必要となる以下のパッケージをインポートします。

In:

```
# 必要なパッケージのインポート
import numpy as np
import spacy
import matplotlib.pyplot as plt
import torch
from torchtext import data
from torchtext import datasets
from torch import nn
import torch.nn.functional as F
from torch import optim
```

Chapter 6

3.2 訓練データとテストデータの用意

前節と同様にFieldを定義して、訓練データおよびテストデータを取得します。

ここで、テキストデータに対して「packed padded sequences」を適応します。これは、LSTMがパディングされていない要素のみに対して処理を行い、パディングされている要素に対してはゼロのTensorになるように出力するというものです。

このpacked padded sequencesを使うには、事前にLSTMにシーケンスの長さ（文章の長さ）を引数として渡す必要があります。これを実行するために、テキストのField`all_texts`に`include_lengths = True`を設定します。

In:

```
# Text、Label Fieldの定義
all_texts = data.Field(tokenize = 'spacy', include_lengths = True)  # テキストデータのField
all_labels = data.LabelField(dtype = torch.float)  # ラベルデータのField
```

Fieldの定義が終わったら、IMDbの映画レビューデータを読み込みます。

In:

```
# データの取得
train_dataset, test_dataset = datasets.IMDB.splits(all_texts, all_labels)

print("train_dataset size: {}".format(len(train_dataset)))  # 訓練データのサイズ
print("test_dataset size: {}".format(len(test_dataset)))    # テストデータのサイズ
```

Out:

```
train_dataset size: 25000
test_dataset size: 25000
{'text': ['There', 'is', 'great', 'detail', 'in', 'A', 'Bug', "'s", 'Life', '.',
'Everything', 'is', 'covered', '.', 'The', 'film', 'looks', 'great', 'and',
'the', 'animation', 'is', 'sometimes', 'jaw', '-', 'dropping', '.', 'The',
'film', 'is', "n't", 'too', 'terribly', 'orignal', ',', 'it', "'s", 'basically',
'a', 'modern', 'take', 'on', 'Kurosawa', "'s", 'Seven', 'Samurai', ',', 'only',
'with', 'bugs', '.', 'I', 'enjoyed', 'the', 'character', 'interaction',
'however', 'and', 'the', 'bad', 'guys', 'in', 'this', 'film', 'actually',
'seemed', 'bad', '.', 'It', 'seems', 'that', 'Disney', 'usually', 'makes',
'their', 'bad', 'guys', 'carbon', 'copy', 'cut', '-', 'outs', '.', 'The',
'grasshoppers', 'are', 'menacing', 'and', 'Hopper', ',', 'the', 'lead', 'bad',
'guy', ',', 'was', 'a', 'brillant', 'creation', '.', 'Check', 'this', 'one',
'out', '.'], 'label': 'pos'}
```

次に、事前に学習済みの単語埋め込みを使用します。前節では、単語帳の生成のために単語の埋め込みをランダムに初期化してone-hotベクトルを生成していましたが、ここでは、事前に学習されたone-hotベクトルで初期化します。これらのベクトルは、ベクトルの次元をbuild_vocabの引数として渡すことで取得できます。

学習済みの単語埋め込みとして「glove.6B.100d」のベクトルを使用します。gloveは、ベクトルの計算に用いられるアルゴリズムです。6Bはこれらのベクトルが60億（6 billion）トークンで学習されたことを示し、100dはこれらのベクトルが100であることを意味します。

事前に学習されたベクトルをベクトル空間内にマッピングすると、同じ意味を持つ単語はLSTMの学習前に近接した状態です。たとえば、「terrible」「awful」「dreadful」といった単語はベクトル空間内では近くに存在します。このように、事前に学習された単語埋め込みを用いる

ことによって、ニューラルネットワークはこれらの関係性を1から学習する必要がなく、精度向上につながります。

torchtextは、デフォルトでは単語帳の単語をゼロで初期化しますが、事前に学習された単語埋め込みにはそのような初期化を行いません。しかし、全く初期化しないのは学習をする上で望ましくないため、torch.Tensor.normalを設定することでランダムに初期化します。このとき、ガウス分布に基づく初期化が実行されます。

In:

```
# 単語帳(Vocabulary)の作成
max_vocab_size = 25_000

all_texts.build_vocab(train_dataset,
                      max_size = max_vocab_size,
                      vectors = 'glove.6B.100d',        # 学習済み単語埋め込みベクトル
                      unk_init = torch.Tensor.normal_)  # ランダムに初期化
all_labels.build_vocab(train_dataset)

print("Unique tokens in all_texts vocabulary: {}".format(len(all_texts.vocab)))
print("Unique tokens in all_labels vocabulary: {}".format(len(all_labels.
vocab)))
```

Out:

```
Unique tokens in all_texts vocabulary: 25002
Unique tokens in all_labels vocabulary: 2
```

上位20位の単語、テキストのサンプル、ラベルのサンプル確認するには、次のコマンドを実行します。

In:

```
# 上位20位の単語
print(all_texts.vocab.freqs.most_common(20))

# テキストはID化されているがテキストに変換することもできる。
print(all_texts.vocab.itos[:10])

# labelの0と1がネガティブとポジティブどちらかを確認できる。
print(all_labels.vocab.stoi)
```

Out:

```
[('the', 289838), (',', 275296), ('.', 236843), ('and', 156483), ('a', 156282),
('of', 144055), ('to', 133886), ('is', 109095), ('in', 87676), ('I', 77546),
('it', 76545), ('that', 70355), ('"', 63329), ("'s", 61928), ('this', 60483),
('-', 52863), ('/><br', 50935), ('was', 50013), ('as', 43508), ('with', 42807)]
['<unk>', '<pad>', 'the', ',', '.', 'and', 'a', 'of', 'to', 'is']
defaultdict(<function _default_unk_index at 0x7fbfc21b8950>, {'neg': 0, 'pos':
1})
```

前節と同様にデータセットからイテレータを作成し、GPUが使用可能な場合はTensorをGPUに配置します。packed padded sequencesはバッチ内のすべてのTensorを長さで並べ替える必要があるため、`sort_within_batch = True`に設定しておきます。

In:

```
# ミニバッチの作成
batch_size = 64
# CPUとGPUのどちらを使うかを指定
device = torch.device('cuda' if torch.cuda.is_available() else 'cpu')
# デバイスの確認
print("Device: {}".format(device))

train_batch, test_batch = data.BucketIterator.splits(
    (train_dataset, test_dataset),  # データセット
    batch_size = batch_size,        # バッチサイズ
    sort_within_batch = True,       # バッチ内Tensorを長さで並び替え
    device = device)                # CPUかGPUかを指定

for batch in train_batch:
  print("text size: {}".format(batch.text[0].size()))  # テキストデータのサイズ
  print("text size: {}".format(batch.text[1].size()))  # シーケンス長のサイズ
  print("label size: {}".format(batch.label.size()))   # ラベルデータのサイズ
  break
```

Out:

```
Device: cuda
text size: torch.Size([152, 64])
squence size: torch.Size([64])
label size: torch.Size([64])
```

3.3 ニューラルネットワークの定義

次に、ニューラルネットワークを定義します。前節の基本的なニューラルネットワーク構造から、いくつか変更していきます。

まず、1つ目の変更点は、Bidirectional LSTMを使用する点です。ここでは、簡単のためBidirectional LSTMのもととなるBidirectional RNNの構造模式図（図6-6）を用いて解説します。通常のRNNでは、過去から未来への一方向でしか学習することができませんでしたが、①過去から未来を学習するRNNと、②未来から過去を学習するRNNを2つ組み合わせることで、過去と未来の両方向も含めて学習することができます。このニューラルネットワーク構造のことを**Bidirectional RNN**といいます。過去から未来の隠れ層の状態と、未来から過去の隠れ層の状態は、最終的に全結合層に入力され、ネガティブかポジティブかが判定されます。LSTMを用いる場合は、RNNの部分がLSTMに変わります。

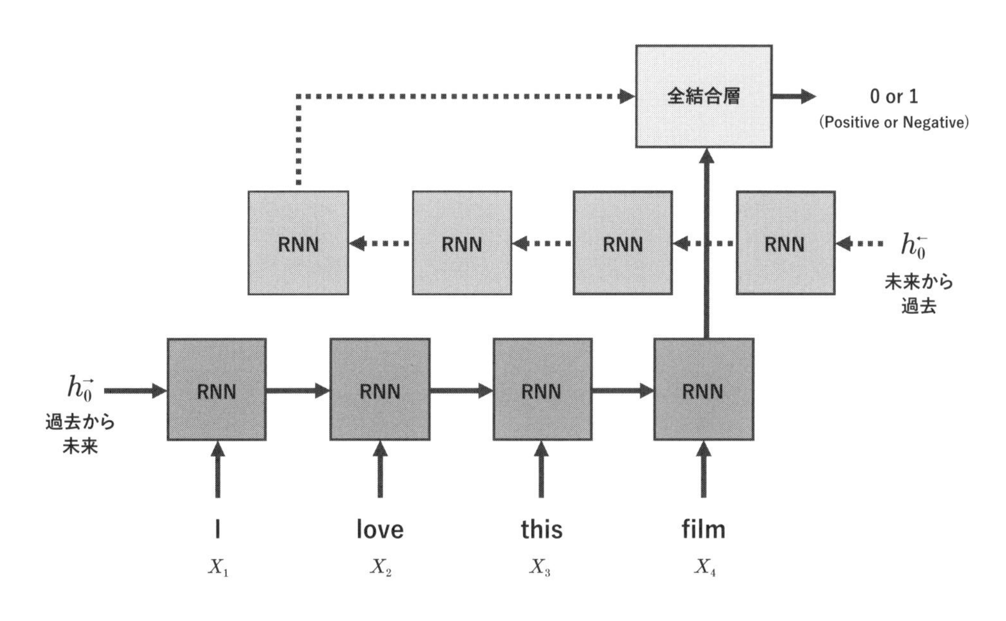

図6-6 **Bidirectional RNNの構造**

2つ目の変更点は、LSTMの層を多層にする点です。ここでは、簡単のために多層LSTMのもととなる多層RNN（図6-7）について解説します。まず、1層目のRNNで出力された隠れ層の状態は、2層目のRNNに入力されます。最終的に2層目のRNNの隠れ層の状態が全結合層に入力されることで、ネガティブかポジティブかを予測します。LSTMを用いる場合は、RNNの部分がLSTMに変わります。

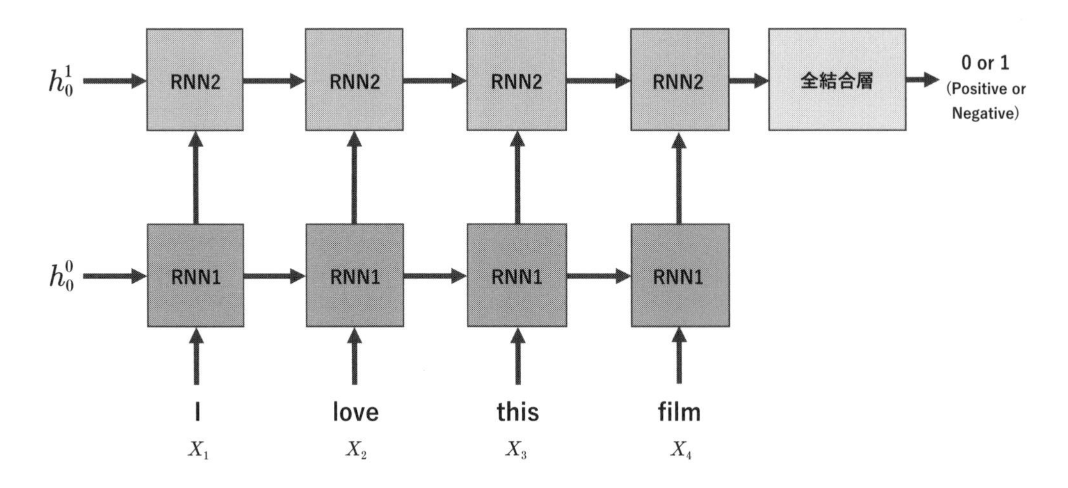

図6-7 **多層RNNの構造**

3つ目の変更点は、正則化です。これまでの変更点は、Bidirectional LSTMを導入しつつ、LSTMの層を多層にするニューラルネットワーク構造の改善でしたが、これにより、ニューラルネットワーク構造が複雑になり、学習すべきパラメータが膨大になります。このニューラルネットワークのパラメータが多ければ多いほど、over fittingといって、学習データのみに対応できるように学習（過学習）してしまい、テストデータに対する感情分析の精度は低くなってしまいます。この問題を解消するために、正則化を適応します。具体的には、**ドロップアウト**と呼ばれる正則化手法を用います。

ドロップアウトは、学習の際にランダムに**ニューロン**を除外させます。学習を繰り返すごとに、もとのニューラルネットワークからニューロンを除外していくことで、学習回数ごとに構造の異なるニューラルネットワークで学習していきます。この時、ニューロンが除外されたニューラルネットワーク構造はより単純な構造になるため、学習すべきパラメータ（重み）が少なくなります。パラメータが少ないニューラルネットワークは過学習をしにくいため、学習ごとに生成・学習を行い、出力を平均することで、過学習を避けることができます。このような学習法を**アンサンブル学習**といいます。つまり、1人で答えを出すよりも、専門性の高い人や全体像を理解している人の複数人で答えを出した方がバイアス（偏り）が少ないということです。

4つ目の変更点は、パディング<pad>トークンの埋め込みは学習しない点です。これは、<pad>が文章の感情を表現する上で無関係であるためです。このことをニューラルネットワークに伝えるためには、<pad>である要素をゼロに初期化します。これを実行するためには、<pad>トークンのインデックスを`padding_idx`を引数として、埋め込み層`nn.Embedding`に渡します。

RNNは遠い過去の情報を保持できなかったり、誤差が消滅して勾配消失問題が起きるといった問題があります。ここでは、そのような問題を防ぐために、標準のRNNの代わりにLSTMを使用します。Bidirectionalなネットワークにするためにはbidirectionalを、層を追加するにはnum_layersを指定して、LSTMに渡します。Bidirectional LSTMの最終的な出力は、過去から未来の隠れ層の状態と未来から過去の隠れ層の状態の2つが含まれるため、出力層のサイズは隠れ層の次元の2倍になります。また、LSTM内にドロップアウトを適応することができ、dropoutにドロップアウト層のドロップアウト確率pを指定することで実装できます。

埋め込み層からの出力をLSTMに渡す前に、出力をひとまとまり（pack）にする必要があります。そのため、packed padded sequencesが使えるように、文の長さx_lengthsを第二引数としてニューラルネットワークに渡します。そうすることで、nn.utils.rnn.packed_padded_sequenceを実行することができ、これによってLSTMは単語のシーケンスの中でパディングされていない要素のみを処理します。

次に、LSTMはひとまとまりにされたシーケンスpacked_outputと隠れ層およびセルの状態を返します。

nn.utils.rnn.pad_packed_sequenceを使ってひとまとまりの出力シーケンスを、ばらばらにします（unpack）。この時、シーケンスに含まれる<pad>トークンはゼロのTensorに変換されます。最後の隠れ層の状態hiddenの形状は、［LSTM層の数×方向（過去・未来）、バッチサイズ、隠れ層の次元］になります。最終的には、過去から未来の最終隠れ層の状態hidden[-2,:,:]と、未来から過去の最終隠れ層の状態hidden[-1,:,:]が必要であるため、これらを抽出・結合し、ドロップアウト層に通してから全結合層に入力します。

In:

```
# ニューラルネットワークの定義
class Net(nn.Module):
    def __init__(self, D_in, D_embedding, H, D_out, n_layers,
                 bidirectional, dropout, pad_idx):
        super(Net, self).__init__()
        # 埋め込み層
        self.embedding = nn.Embedding(D_in, D_embedding, padding_idx = pad_idx)
        # LSTM層
        self.lstm = nn.LSTM(D_embedding,
                            H,
                            num_layers=n_layers,            # LSTMの層数
                            bidirectional=bidirectional, # Bidirectional LSTMの適応
                            dropout=dropout)                # ドロップアウト層の追加
        self.linear = nn.Linear(H * 2, D_out)
        self.dropout = nn.Dropout(dropout)                  # ドロップアウト層

```


Chapter 6

```
    def forward(self, x, x_lengths):
        embedded = self.dropout(self.embedding(x))  # text = [sent len, batch size], embedded = [sent len, batch size, emb dim]

        #pack sequence
        packed_embedded = nn.utils.rnn.pack_padded_sequence(embedded, x_lengths)
        packed_output, (hidden, cell) = self.lstm(packed_embedded)

        # unpack sequence
        # output over padding tokens are zero tensors
        # output = [sent len, batch size, hid dim * num directions]
        output, output_lengths = nn.utils.rnn.pad_packed_sequence(packed_output)

        # concat the final forward (hidden[-2,:,:]) and backward (hidden[-1,:,:]) hidden layers
        # and apply dropout
        # hidden = [num layers * num directions, batch size, hid dim], cell = [num layers * num directions, batch size, hid dim]
        hidden = self.dropout(torch.cat((hidden[-2,:,:], hidden[-1,:,:]), dim = 1))

        return self.linear(hidden) #hidden = [batch size, hid dim * num directions]
```

ニューラルネットワークのクラスを作成することができたら、前節と同じようにハイパーパラメータを決定します。事前に学習した埋め込みベクトルを使うために、埋め込み層の次元D_embeddingと、すでに読み込んだ学習済みのGloveベクトルの埋め込み次元（100）とを、同じにする必要があります。

In:

```
# ニューラルネットワークのロード
D_in = len(all_texts.vocab)  # 入力層の次元
D_embedding = 100            # 埋め込み層の次元
H = 256                      # 隠れ層の次元
D_out = 1                    # 出力層の次元
n_layers = 2                 # LSTM層の数
bidirectional = True         # Bidirectionalにするかどうか
dropout = 0.5                # ドロップアウトする確率
pad_idx = all_texts.vocab.stoi[all_texts.pad_token]

```

```
net = Net(D_in,
          D_embedding,
          H,
          D_out,
          n_layers,
          bidirectional,
          dropout,
          pad_idx).to(device)
print(net)
```

Out:

```
Net(
  (embedding): Embedding(25002, 100, padding_idx=1)
  (lstm): LSTM(100, 256, num_layers=2, dropout=0.5, bidirectional=True)
  (linear): Linear(in_features=512, out_features=1, bias=True)
  (dropout): Dropout(p=0.5, inplace=False)
)
```

次に、読み込んだ学習済みの単語埋め込みをニューラルネットワークの埋め込み層にコピーします。

学習済みの単語埋め込みを読み出すには、次のコマンドを実行します。

In:

```
# 学習済みの埋め込みを読み込み
pretrained_embeddings = all_texts.vocab.vectors
print(pretrained_embeddings.shape)
```

Out:

```
torch.Size([25002, 100])
```

続いて、埋め込み層における重みの初期値を、事前に学習された埋め込みに置き換えます。ここで、単なるweightではなく、weight.dataを置き換えている点に注意してください。

In:

```
# 埋め込み層の重みを学習済みの埋め込みに置き換え
net.embedding.weight.data.copy_(pretrained_embeddings)
```

Out:

```
tensor([[ 0.0688,  1.0029, -1.2943,  ...,  0.4163, -0.6037,  1.1432],
        [-0.2050, -0.5469,  0.7676,  ..., -0.3212, -0.3154,  1.1875],
        [-0.0382, -0.2449,  0.7281,  ..., -0.1459,  0.8278,  0.2706],
        ...,
        [ 0.9641,  2.5935, -1.0418,  ..., -1.1252, -0.6604, -0.5979],
        [ 0.1448, -0.9398, -1.3840,  ...,  0.9590,  0.3284, -0.7320],
        [-0.4226, -0.4426,  0.1136,  ..., -0.0352,  1.3321,  0.8277]],
       device='cuda:0')
```

さらに、作成したデータセットに含まれる<unk>と<pad>トークンは、学習済みの埋め込みに存在しないため、これらのトークンをゼロのTensorに初期化します。こうすることで、<unk>と<pad>といったトークンが、感情を表現する上で無関係であることをニューラルネットワークに明示的に伝えることができます。

ゼロ置換による初期化を実行するには、<unk>と<pad>トークンに対応するインデックスを用いて、手動でゼロに初期化します。ここでも、単なるweightではなく、weight.dataを置き換えている点に注意してください。初期化した埋め込み層の重みを確認すると、<unk>と<pad>トークンの重みにあたる最初の2行がゼロの要素になっていることが分かります。

In:

```
# 不明なトークン<unk>のインデックス取得
unk_idx = all_texts.vocab.stoi[all_texts.unk_token]

# 不明なトークン<unk>をゼロで初期化
net.embedding.weight.data[unk_idx] = torch.zeros(D_embedding)
# パディングトークン<pad>をゼロで初期化
net.embedding.weight.data[pad_idx] = torch.zeros(D_embedding)

print(net.embedding.weight.data)
```

Out:

```
tensor([[ 0.0000,  0.0000,  0.0000,  ...,  0.0000,  0.0000,  0.0000],
        [ 0.0000,  0.0000,  0.0000,  ...,  0.0000,  0.0000,  0.0000],
        [-0.0382, -0.2449,  0.7281,  ..., -0.1459,  0.8278,  0.2706],
        ...,
        [ 0.9641,  2.5935, -1.0418,  ..., -1.1252, -0.6604, -0.5979],
        [ 0.1448, -0.9398, -1.3840,  ...,  0.9590,  0.3284, -0.7320],
        [-0.4226, -0.4426,  0.1136,  ..., -0.0352,  1.3321,  0.8277]],
       device='cuda:0')
```

3.4 損失関数と最適化関数の定義

最後に、損失関数と最適化関数を前節と同じように定義します。

In:

```
# 損失関数の定義
criterion = nn.BCEWithLogitsLoss()

# 最適化関数の定義
optimizer = optim.Adam(net.parameters())
```

3.5 学習

以上の準備が完了したら、ニューラルネットワークの学習を実行します。

レビューテキストのFieldを設定する際にinclude_lengths = Trueと設定したので、データセットから取り出したミニバッチのテキストデータbatch.textはtuple型になります。最初の要素は文章が数値化されたTensorで、2番目の要素が各シーケンスの長さです。これらのパラメータをニューラルネットワークの引数として入力します。

この学習で要した時間は、Google ColaboratoryのGPUを用いて約11分でした。

In:

```
# 損失と正解率を保存するリストを作成
train_loss_list = []        # 学習損失
train_accuracy_list = []  # 学習データの正答率
test_loss_list = []         # 評価損失
test_accuracy_list = []   # テストデータの正答率

# 学習(エポック)の実行
epoch = 10
for i in range(epoch):
    # エポックの進行状況を表示
    print('---------------------------------------------')
    print("Epoch: {}/{}".format(i+1, epoch))

    # 損失と正解率の初期化
    train_loss = 0       # 学習損失
```

Chapter 6

```
    train_accuracy = 0  # 学習データの正答数
    test_loss = 0       # 評価損失
    test_accuracy = 0   # テストデータの正答数

    # ---------学習パート--------- #
    # ニューラルネットワークを学習モードに設定
    net.train()
    # ミニバッチごとにデータをロードし学習
    for batch in train_batch:
        # GPUにTensorを転送
        texts, text_lengths = batch.text
        labels = batch.label

        # 勾配を初期化
        optimizer.zero_grad()
        # データを入力して予測値を計算(順伝播)
        y_pred_prob = net(texts, text_lengths).squeeze(1)
        # 損失(誤差)を計算
        loss = criterion(y_pred_prob, labels)
        # 勾配の計算(逆伝搬)
        loss.backward()
        # パラメータ(重み)の更新
        optimizer.step()

        # ミニバッチごとの損失を蓄積
        train_loss += loss.item()

        # 予測したラベルを予測確率y_pred_probから計算
        y_pred_labels = torch.round(torch.sigmoid(y_pred_prob))
        # ミニバッチごとに正解したラベル数をカウントし、正解率を計算
        train_accuracy += torch.sum(y_pred_labels == labels).item() / len(labels)

    # エポックごとの損失と正解率を計算(ミニバッチの平均の損失と正解率を計算)
    epoch_train_loss = train_loss / len(train_batch)
    epoch_train_accuracy = train_accuracy / len(train_batch)
    # ---------学習パートはここまで--------- #

    # ---------評価パート--------- #
    # ニューラルネットワークを評価モードに設定
```

```
    net.eval()
    # 評価時の計算で自動微分機能をオフにする
    with torch.no_grad():
        for batch in test_batch:
            # GPUにTensorを転送
            texts, text_lengths = batch.text
            labels = batch.label
            # データを入力して予測値を計算(順伝播)
            y_pred_prob = net(texts, text_lengths).squeeze(1)
            # 損失(誤差)を計算
            loss = criterion(y_pred_prob, labels)
            # ミニバッチごとの損失を蓄積
            test_loss += loss.item()

            # 予測したラベルを予測確率y_pred_probから計算
            y_pred_labels = torch.round(torch.sigmoid(y_pred_prob))
            # ミニバッチごとに正解したラベル数をカウントし、正解率を計算
            test_accuracy += torch.sum(y_pred_labels == labels).item() /
len(labels)
    # エポックごとの損失と正解率を計算(ミニバッチの平均の損失と正解率を計算)
    epoch_test_loss = test_loss / len(test_batch)
    epoch_test_accuracy = test_accuracy / len(test_batch)
    # ---------評価パートはここまで--------- #

    # エポックごとに損失と正解率を表示
    print("Train_Loss: {:.4f}, Train_Accuracy: {:.4f}".format(
        epoch_train_loss, epoch_train_accuracy))
    print("Test_Loss: {:.4f}, Test_Accuracy: {:.4f}".format(
        epoch_test_loss, epoch_test_accuracy))

    # 損失と正解率をリスト化して保存
    train_loss_list.append(epoch_train_loss)           # 学習損失
    train_accuracy_list.append(epoch_train_accuracy)   # 学習正答率
    test_loss_list.append(epoch_test_loss)             # テスト損失
    test_accuracy_list.append(epoch_test_accuracy)     # テスト正答率
```

Chapter 6

Out:

```
-------------------------------------------
Epoch: 1/10
Train_Loss: 0.6463, Train_Accuracy: 0.6165
Test_Loss: 0.5253, Test_Accuracy: 0.7391
-------------------------------------------
Epoch: 2/10
Train_Loss: 0.5183, Train_Accuracy: 0.7444
Test_Loss: 0.4267, Test_Accuracy: 0.7858
-------------------------------------------
Epoch: 3/10
Train_Loss: 0.3541, Train_Accuracy: 0.8495
Test_Loss: 0.2929, Test_Accuracy: 0.8826
-------------------------------------------
...
-------------------------------------------
Epoch: 10/10
Train_Loss: 0.1227, Train_Accuracy: 0.9557
Test_Loss: 0.2911, Test_Accuracy: 0.8995
```

3.6 結果の可視化

学習が終了したら、損失および正答率の結果を確認しましょう。

図6-8をみると、前節よりも順調に損失が減少し、感情分析の正答率も約90%となり、はるかに高い成績を出すことができました。

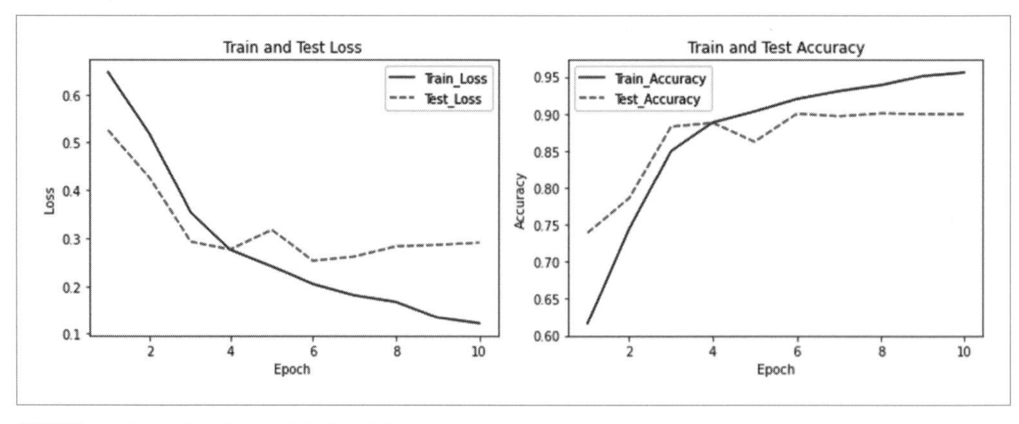

図6-8 エポックごとの損失と正解率の変化

3.7 新しいレビューに対する感情分析

では、学習済みのニューラルネットワークに、新たなレビューを入力して感情分析をしてみましょう。学習データは映画のレビューですので、新たに入力する文章も映画のレビューでなければなりません。新たな映画レビューから感情分析を実行するための関数predict_sentimentを定義します。predict_sentimentでは、次のような処理を行います。

- **ニューラルネットワークを評価モードに設定**
- **レビュー文をトークン化して、リストに分割**
- **単語帳を用いてトークンにインデックスを付与**
- **シーケンスの長さを取得**
- **インデックスをTensorに変換**
- **バッチサイズの次元を追加**
- **シーケンス長をTensorに変換**
- **シグモイド関数で0から1の出力になるようにTensorを変換**
- **0.0 ～ 0.5までをネガティブ、0.5 ～ 1.0までをポジティブとして判断し予測ラベルを返す**

In:

```
nlp = spacy.load('en')

def predict_sentiment(net, sentence):
    net.eval()  # 評価モードに設定
    # 文をトークン化して、リストに分割
    tokenized = [tok.text for tok in nlp.tokenizer(sentence)]
    # トークンにインデックスを付与
    indexed = [all_texts.vocab.stoi[t] for t in tokenized]
    length = [len(indexed)]                            # シーケンスの長さ
    tensor = torch.LongTensor(indexed).to(device)   # インデックスをTensorに変換
    tensor = tensor.unsqueeze(1)                       # バッチサイズの次元を追加
    length_tensor = torch.LongTensor(length)         # シーケンス長をTensorに変換
    # シグモイド関数で0から1の出力に
    prediction = torch.sigmoid(net(tensor, length_tensor))
    return prediction
```

ネガティブなレビュー「This film is terrible (この映画はひどい)」を入力すると、次のような結果になります。ここでProbabilityが計算されていますが、これはレビューがポジティブである確率です。この例だと、ポジティブである確率は0.04%で、判定結果がネガティブ（予測ラベル：0）であったことが分かります。

In:

```
# ネガティブなレビューを入力して、感情分析
y_pred_prob = predict_sentiment(net, "This film is terrible")
y_pred_label = torch.round(y_pred_prob)
print("Probability: {:.4f}".format(y_pred_prob.item()))
print("Pred Label: {:.0f}".format(y_pred_label.item()))
```

Out:

```
Probability: 0.0004
Pred Label: 0
```

次に、ポジティブなレビュー「This film is great (この映画はすばらしい)」を入力すると、ポジティブである確率が99.7%で、判定結果がポジティブ（予測ラベル：1）となりました。

In:

```
# ポジティブなレビューを入力して、感情分析
y_pred_prob = predict_sentiment(net, "This film is great")
y_pred_label = torch.round(y_pred_prob)
print("Probability: {:.4f}".format(y_pred_prob.item()))
print("Pred Label: {:.0f}".format(y_pred_label.item()))
```

Out:

```
Probability: 0.9973
Pred Label: 1
```

4 感情分析の高速化【サンプルコード】

本節では、感情分析の高速化について解説します。

前節では、感情分析の精度向上のためのテクニックを紹介しましたが、構築したニューラル

ネットワークの構造が複雑な分、学習にかかる時間が長くなってしまいました。そこで本節では、はるかに少ないパラメータで同等の精度を出す、高速に学習するニューラルネットワークを構築していきます。

学習目標

- **FastTextの概要**
- **文章データにおける2次元のaverageプーリング**
- **FastTextの実装方法**

使用ファイル

- **Section6-4.ipynb**

前節の**感情分析**の応用では、様々な工夫を凝らして約90%の正答率を達成することができました。一方で、ニューラルネットワークの構造を複雑にしたことで、学習すべきパラメータ（重み）が増え、それに伴って学習に要する時間が伸びてしまいました。

学習時間を短くするためには学習すべきパラメータ（重み）を減らす必要がありますが、それはニューラルネットワーク構造を単純化することでもあり、精度低下にもつながります。そこで本節では、高い精度は保ちつつ、ニューラルネットワークのパラメータを約半分にして、高速に学習することができる手法について解説します。具体的には、効率的に感情分析をするために「fastText」を実装します。

4.1 fastText

これまでは、単語埋め込みを用いた感情分析を実装してきました。この手法は、自然言語処理における基本的な手法であり、自動翻訳や極性分析など、多様な課題を解決する際の最初の前処理として使われてきました。単語埋め込みは、可変長の単語を固定長のベクトルで表現することで、ベクトルの演算として扱うことができるといった特徴を持ちます。近年では、このような単語ベクトル表現を拡張して文章のベクトル表現を得る、言い換えれば、単語の意味表現を応用して、文章の意味表現を得ようとするのが最近の流れです。その手法の代表例が**fastText**です。

fastTextは、2013年にGoogle社の研究者であるトマス・ミコロフらによって開発された手法で、これまでの単語埋め込みとの違いとして、「単語の表現に文字の情報を含める」点が挙げられます。fastTextでは単語をさらに、「subword（部分語）」と呼ばれる単位で分解したものを学習に組み込みます。たとえば、一般動詞の原形（例：go）とその活用形（例：goes）は別々の単語ですが、goesを2文字ずつに区切って分けます。「go」と「oe」、「es」のsubwordに分解しておけば、原形のgoと活用形のgoesには「go」という共通の部分があり、それらには関係性があると学習させることができます（図6-9）。

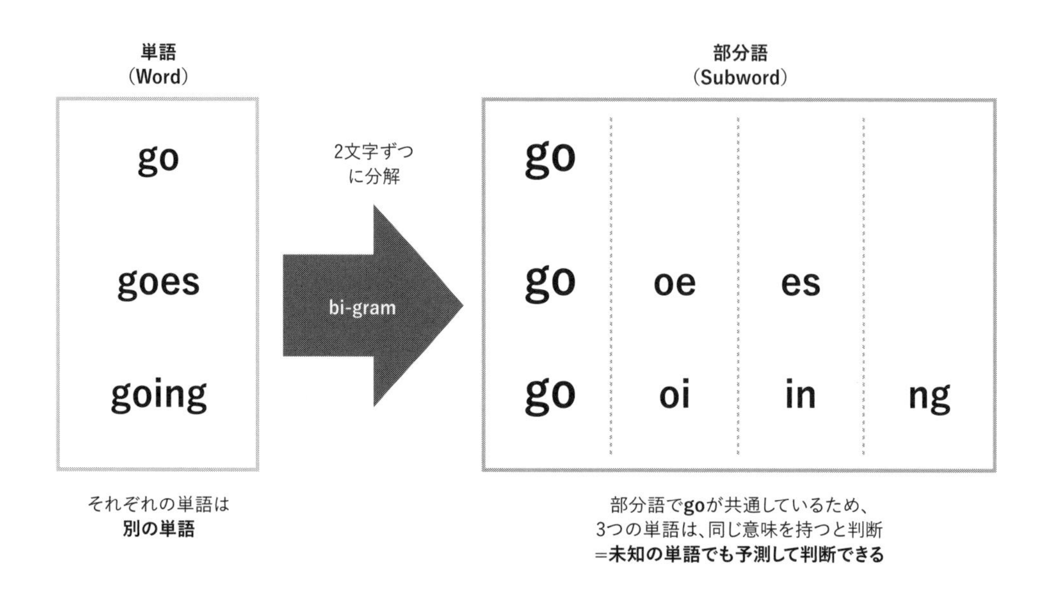

図6-9 **bi-gramを使った単語の分割**

このように、n文字ごとに単語を分割する手法を**N-gram**といい、特に2文字ごとに分割する場合（N＝2）をバイグラム（bi-gram）と呼びます。この技術により、訓練データには存在しない単語（Out of Vocavulary：OOV）を表現することが可能になりました。また、fastTextは学習に要する時間が短いという特徴を持っており、これまで5日かかっていた学習が10秒で終了したという報告もあります。

また、単語をN-gramで分割する手法だけでなく、文章をN-gramで単語の固まりに分割する場合もあります（図6-10）。たとえば、「How are you ?」という文章をbi-gramで分割すると、「How are」「are you」「you ?」になります。このように単語のかたまりに分けることによって、文書の局所ごとに単語の並び順も考慮して学習することができ、文章の意味表現を捉えることができます。

本節では、分かりやすいように文章をbi-gramで2単語ずつに分ける手法を用いることにします。

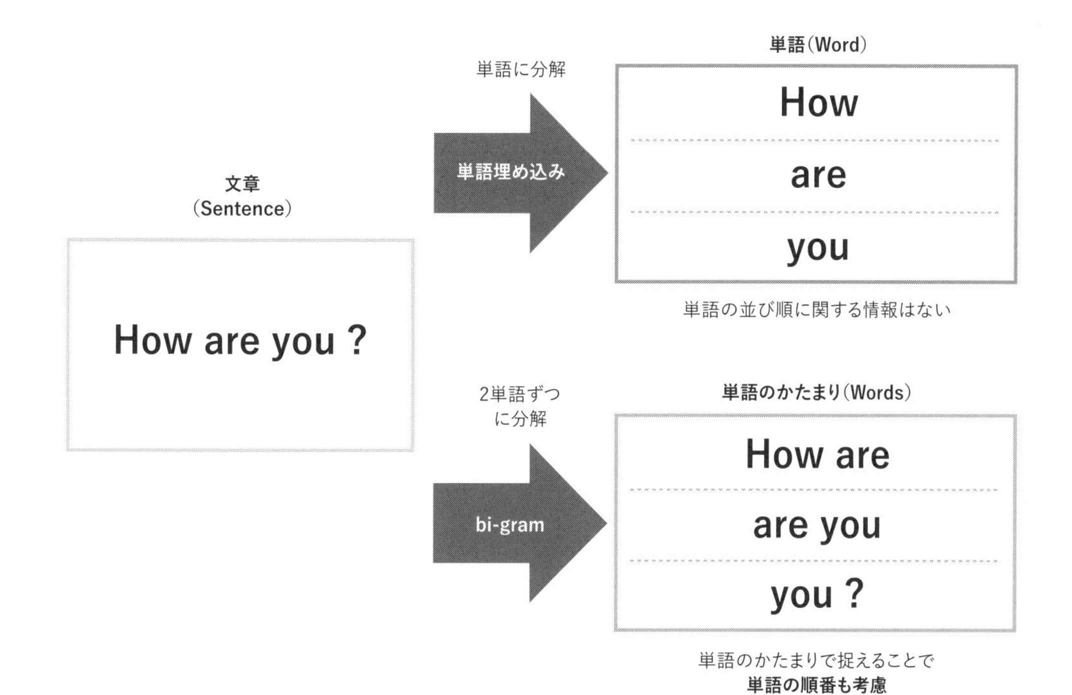

図6-10 bi-gramを使った文章の分割

4.2 前準備(パッケージのインポート)

まずはじめに、fastTextの実装を行うために、必要となるパッケージをインポートします。

In:

```
# 必要なパッケージのインポート
import numpy as np
import spacy
import matplotlib.pyplot as plt
import torch
from torchtext import data
from torchtext import datasets
from torch import nn
import torch.nn.functional as F
from torch import optim
```

Chapter 6

4.3 訓練データとテストデータの用意

fastTextでは、文章の意味表現を学習できるように、bi-gramを用いて文章を2つの単語のかたまりに分割します。これを実行するための関数を、次のように定義します。

In:

```
def generate_bigrams(x):
    n_grams = set(zip(*[x[i:] for i in range(2)]))  # bi-gram、2単語ずつに分割
    for n_gram in n_grams:
        x.append(' '.join(n_gram))                  # 分割した部分語をリスト化
    return x

generate_bigrams(['This', 'film', 'is', 'terrible'])
```

Out:

```
['This', 'film', 'is', 'terrible', 'is terrible', 'This film', 'film is']
```

torchtextのFieldには前処理のための引数preprocessingが用意されているため、先ほど定義した文章を分割する関数generate_bigramsを引数としてpreprocessingに設定します。今回はLSTMを使用しないため、include_lengths = Trueとする必要はありません。

In:

```
# Text, Label Fieldの定義
# テキストデータのField
all_texts = data.Field(tokenize = 'spacy', preprocessing = generate_bigrams)
all_labels = data.LabelField(dtype = torch.float)  # ラベルデータのField
```

次に、IMDbのレビューデータを取得して訓練データとテストデータに分割します。

In:

```
# データの取得
train_dataset, test_dataset = datasets.IMDB.splits(all_texts, all_labels)

print("train_dataset size: {}".format(len(train_dataset)))  # 訓練データのサイズ
print("test_dataset size: {}".format(len(test_dataset)))    # テストデータのサイズ
print(vars(train_dataset.examples[0]))                      # 訓練データの中身の確認
```

Out:

```
train_dataset size: 25000
test_dataset size: 25000
{'text': ['There', 'is', 'great', 'detail', 'in', 'A', 'Bug', "'s", 'Life', '.',
'Everything', 'is', 'covered', '.', 'The', 'film', 'looks', 'great', 'and',
'the', 'animation', 'is', 'sometimes', 'jaw', '-', 'dropping', '.', 'The',
'film', 'is', "n't", 'too', 'terribly', 'orignal', ',', 'it', "'s", 'basically',
'a', 'modern', 'take', 'on', 'Kurosawa', "'s", 'Seven', 'Samurai', ',', 'only',
'with', 'bugs', '.', 'I', 'enjoyed', 'the', 'character', 'interaction',
'however', 'and', 'the', 'bad', 'guys', 'in', 'this', 'film', 'actually',
'seemed', 'bad', '.', 'It', 'seems', 'that', 'Disney', 'usually', 'makes',
'their', 'bad', 'guys', 'carbon', 'copy', 'cut', '-', 'outs', '.', 'The',
'grasshoppers', 'are', 'menacing', 'and', 'Hopper', ',', 'the', 'lead', 'bad',
'guy', ',', 'was', 'a', 'brillant', 'creation', '.', 'Check', 'this', 'one',
'out', '.'], 'label': 'pos'}
```

レビューデータの取得ができたら、前回と同様に学習済みの単語埋め込みを用いて単語帳を作成します。

In:

```
# 単語帳(Vocabulary)の作成
max_vocab_size = 25_000

all_texts.build_vocab(train_dataset,
                      max_size = max_vocab_size,
                      vectors = 'glove.6B.100d',        # 学習済み単語埋め込みベクトル
                      unk_init = torch.Tensor.normal_)  # ランダムに初期化
all_labels.build_vocab(train_dataset)

print("Unique tokens in all_texts vocabulary: {}".format(len(all_texts.vocab)))
print("Unique tokens in all_labels vocabulary: {}".format(len(all_labels.
vocab)))
```

Out:

```
Unique tokens in all_texts vocabulary: 25002
Unique tokens in all_labels vocabulary: 2
```

出現頻度の高い上位20位の単語、テキストおよびラベルの状態を確認するためには、次のコマンドを実行します。

In:

```
# 上位20位の単語
print(all_texts.vocab.freqs.most_common(20))

# テキストはID化されているがテキストに変換することもできる
print(all_texts.vocab.itos[:10])

# labelの0と1がネガティブとポジティブどちらかを確認できる
print(all_labels.vocab.stoi)
```

Out:

```
[('the', 289838), (',', 275296), ('.', 236843), ('and', 156483), ('a', 156282),
('of', 144055), ('to', 133886), ('is', 109095), ('in', 87676), ('I', 77546),
('it', 76545), ('that', 70355), ('"', 63329), ("'s", 61928), ('this', 60483),
('-', 52863), ('/><br', 50935), ('was', 50013), ('as', 43508), ('with', 42807)]
['<unk>', '<pad>', 'the', ',', '.', 'and', 'a', 'of', 'to', 'is']
defaultdict(<function _default_unk_index at 0x7fa3f9d00158>, {'neg': 0, 'pos':
1})
```

最後に、前節と同様にデータセットからイテレータを作成し、GPUが使用可能な場合はTensorをGPUに配置します。

In:

```
# ミニバッチの作成
batch_size = 64
# CPUとGPUのどちらを使うかを指定
device = torch.device('cuda' if torch.cuda.is_available() else 'cpu')
# デバイスの確認
print("Device: {}".format(device))

train_batch, test_batch = data.BucketIterator.splits(
    (train_dataset, test_dataset),  # データセット
    batch_size = batch_size,        # バッチサイズ
    device = device)                # CPUかGPUかを指定

for batch in train_batch:
  print("text size: {}".format(batch.text[0].size()))     # テキストデータのサイズ
  print("squence size: {}".format(batch.text[1].size()))  # シーケンス長のサイズ
  print("label size: {}".format(batch.label.size()))      # ラベルデータのサイズ
  break
```

Out:

```
Device: cuda
text size: torch.Size([64])
squence size: torch.Size([64])
label size: torch.Size([64])
```

4.4 ニューラルネットワークの定義

次に、fastTextを実装します。

図6-11にfastTextの構造を示します。このニューラルネットワークには埋め込み層と全結合層の2つしか存在しないため、以前のモデルよりもはるかにパラメータ量が少なく、高速に学習することができます。もはやRNN層やLSTM層はありません。代わりに、最初に埋め込み層を使って各単語の単語埋め込みを計算し、次にすべての単語埋め込みの平均を計算します。最後に、これを全結合層に入力します。これが、fastTextの構造です。

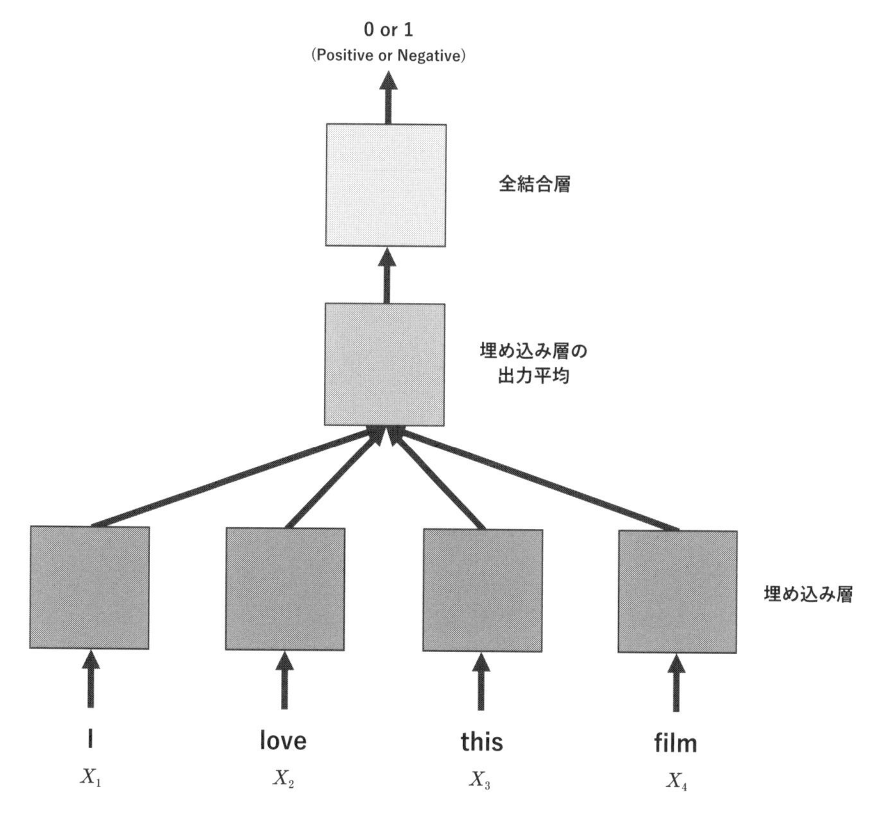

図6-11 **fastTextの構造**

埋め込み層からの出力を平均化するために、2次元のaverageプーリング層avg_pool2dを使用します。読者の中には、プーリング層は画像認識の分野でよく用いられる層であるため、感情分析に用いることを奇妙に思う方がいるかもしれません。そもそも、画像は2次元や3次元データであるけれども、文章は1次元データであるため、2次元データに対して適応する2次元のaverageプーリング層avg_pool2dを使えそうにないからです。

実は、単語の埋め込みは2次元のグリッドデータと考えることができます。つまりこのグリッドは、文章の長さの次元と、単語埋め込みの次元からなる2次元のグリッドと考えることができるのです。図6-12は5次元の単語埋め込みに変換された場合の例であり、縦軸が文章の長さの次元、横軸が単語埋め込みの次元です。この4×5のTensorの各要素は、それぞれのマスに対応しています。4×1のフィルタでカバーされる要素をaverageプーリング層によって平均化し、次にフィルタを単語埋め込み次元の方向に沿って1マス移動して、再度averageプーリング層で平均化する、という作業を単語埋め込み次元すべてに対して実行します。

こうすることによって、最終的に文章の長さの次元に沿って平均化された1×5のTensorを取得でき、このTensorを全結合層に入力することで、ポジティブかネガティブを予測することができます。

以上のことを実装するには、次のようにコマンドを実行します。

In:

```
# ニューラルネットワークの定義
class Net(nn.Module):
    def __init__(self, D_in, D_embedding, D_out, pad_idx):
        super(Net, self).__init__()
        # 単語埋め込み層
        self.embedding = nn.Embedding(D_in, D_embedding, padding_idx = pad_idx)
        self.linear = nn.Linear(D_embedding, D_out)  # 全結合層

    def forward(self, x):
        embedded = self.embedding(x)           #text = [sent len, batch size]
        embedded = embedded.permute(1, 0, 2)  #embedded = [sent len, batch size, 
emb dim]

        pooled = F.avg_pool2d(embedded, (embedded.shape[1], 1)).squeeze(1) 
#embedded = [batch size, sent len, emb dim]
        output = self.linear(pooled)  #pooled = [batch size, embedding_dim]
        return output
```

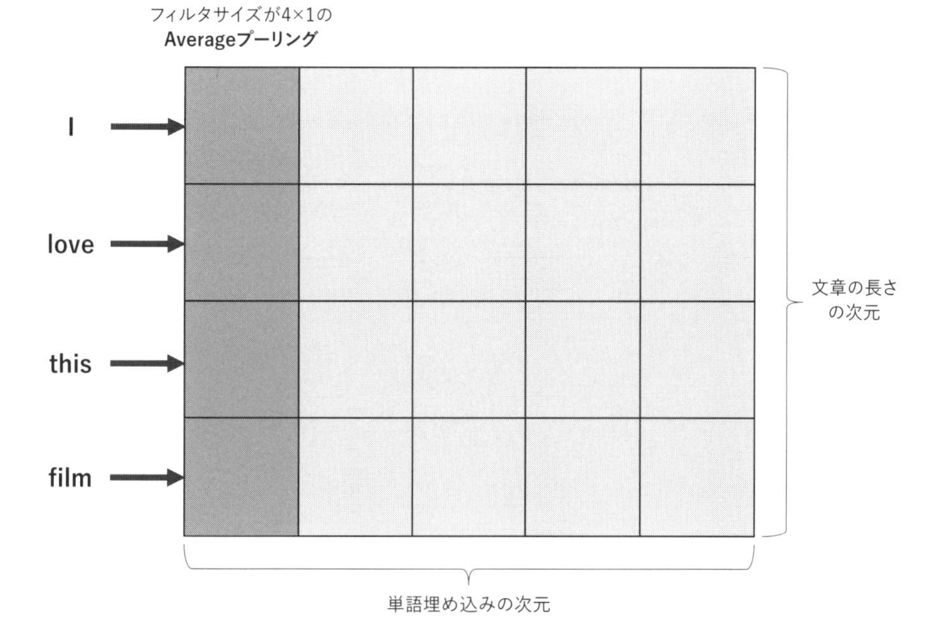

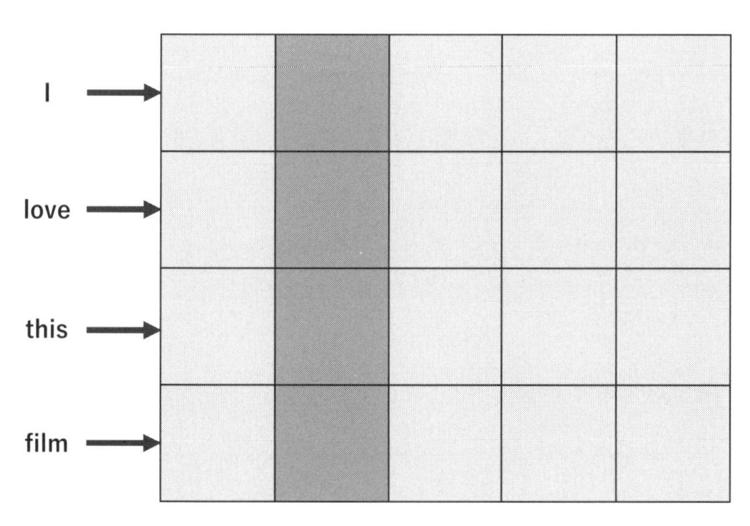

図6-12 テキストデータでのaverageプーリング

fastTextのクラスを定義できたら、次にハイパーパラメータを設定します。

In:

```
# ニューラルネットワークのロード
D_in = len(all_texts.vocab)  # 入力層の次元
D_embedding = 100             # 単語埋め込み層の次元
D_out = 1                     # 出力層の次元
pad_idx = all_texts.vocab.stoi[all_texts.pad_token]  # <pad>トークンのインデックス

net = Net(D_in,
          D_embedding,
          D_out,
          pad_idx).to(device)
print(net)
```

Out:

```
Net(
  (embedding): Embedding(25002, 100, padding_idx=1)
  (linear): Linear(in_features=100, out_features=1, bias=True)
)
```

前回と同様に、学習済みの埋め込みベクトルを埋め込み層にコピーして置き換えます。

In:

```
# 学習済みの埋め込みを読み込み
pretrained_embeddings = all_texts.vocab.vectors
print(pretrained_embeddings.shape)

# 埋め込み層の重みを学習済みの埋め込みに置き換え
net.embedding.weight.data.copy_(pretrained_embeddings)
```

Out:

```
torch.Size([25002, 100])
tensor([[ 0.2968, -0.0320, -1.2717,  ...,  0.9996,  0.3661,  0.9138],
        [-0.5381,  0.2370,  0.4100,  ...,  0.1989, -1.2204, -0.6761],
        [-0.0382, -0.2449,  0.7281,  ..., -0.1459,  0.8278,  0.2706],
        ...,
        [-0.4461,  2.1686,  1.6980,  ..., -0.2603,  1.4759, -2.5773],
        [ 0.2097, -0.0871, -0.7723,  ...,  1.0376, -0.1685, -0.6154],
        [-0.8557,  1.6408,  0.2534,  ..., -0.2389,  0.8185,  0.3628]],
       device='cuda:0')
```

さらに、不明なトークン<unk>とパディングトークン<pad>をゼロのTensorで置換します。

In:

```
# 不明なトークン<unk>のインデックス取得
unk_idx = all_texts.vocab.stoi[all_texts.unk_token]

net.embedding.weight.data[unk_idx] = torch.zeros(D_embedding)
net.embedding.weight.data[pad_idx] = torch.zeros(D_embedding)

print(net.embedding.weight.data)
```

Out:

```
tensor([[ 0.0000,  0.0000,  0.0000,  ...,  0.0000,  0.0000,  0.0000],
        [ 0.0000,  0.0000,  0.0000,  ...,  0.0000,  0.0000,  0.0000],
        [-0.0382, -0.2449,  0.7281,  ..., -0.1459,  0.8278,  0.2706],
        ...,
        [-0.4461,  2.1686,  1.6980,  ..., -0.2603,  1.4759, -2.5773],
        [ 0.2097, -0.0871, -0.7723,  ...,  1.0376, -0.1685, -0.6154],
        [-0.8557,  1.6408,  0.2534,  ..., -0.2389,  0.8185,  0.3628]],
       device='cuda:0')
```

4.5 損失関数と最適化関数の定義

最後に、損失関数と最適化関数を定義します。
ここのコードはこれまでのものと同じものです。

In:

```
# 損失関数の定義
criterion = nn.BCEWithLogitsLoss()

# 最適化関数の定義
optimizer = optim.Adam(net.parameters())
```

Chapter 6

4.6 学習

以上の前準備が完了したら、ついにfastTextの学習です。

前節の**感情分析の応用【サンプルコード】**と同様にして学習していきます。学習に要した時間は、Google ColaboratoryのGPUを使用して3分程度でした。前節でかかった学習は、同じ条件で11分ほどでしたので、約4倍ほど学習速度を向上させることができました。

In:

```
# 損失と正解率を保存するリストを作成
train_loss_list = []       # 学習損失
train_accuracy_list = []   # 学習データの正答率
test_loss_list = []        # 評価損失
test_accuracy_list = []    # テストデータの正答率

# 学習(エポック)の実行
epoch = 10
for i in range(epoch):
    # エポックの進行状況を表示
    print('---------------------------------------------')
    print("Epoch: {}/{}".format(i+1, epoch))

    # 損失と正解率の初期化
    train_loss = 0        # 学習損失
    train_accuracy = 0    # 学習データの正答数
    test_loss = 0         # 評価損失
    test_accuracy = 0     # テストデータの正答数

    # ---------学習パート--------- #
    # ニューラルネットワークを学習モードに設定
    net.train()
    # ミニバッチごとにデータをロードし学習
    for batch in train_batch:
        # GPUにTensorを転送
        texts = batch.text
        labels = batch.label

        # 勾配を初期化
        optimizer.zero_grad()
```

```
        # データを入力して予測値を計算(順伝播)
        y_pred_prob = net(texts).squeeze(1)
        # 損失(誤差)を計算
        loss = criterion(y_pred_prob, labels)
        # 勾配の計算(逆伝搬)
        loss.backward()
        # パラメータ(重み)の更新
        optimizer.step()

        # ミニバッチごとの損失を蓄積
        train_loss += loss.item()

        # 予測したラベルを予測確率y_pred_probから計算
        y_pred_labels = torch.round(torch.sigmoid(y_pred_prob))
        # ミニバッチごとに正解したラベル数をカウント
        train_accuracy += torch.sum(y_pred_labels == labels).item() / len(labels)

    # エポックごとの損失と正解率を計算(ミニバッチの平均の損失と正解率を計算)
    epoch_train_loss = train_loss / len(train_batch)
    epoch_train_accuracy = train_accuracy / len(train_batch)
    # ---------学習パートはここまで--------- #

    # ---------評価パート--------- #
    # ニューラルネットワークを評価モードに設定
    net.eval()
    # 評価時の計算で自動微分機能をオフにする
    with torch.no_grad():
        for batch in test_batch:
            # GPUにTensorを転送
            texts = batch.text
            labels = batch.label
            # データを入力して予測値を計算(順伝播)
            y_pred_prob = net(texts).squeeze(1)
            # 損失(誤差)を計算
            loss = criterion(y_pred_prob, labels)
            # ミニバッチごとの損失を蓄積
            test_loss += loss.item()

            # 予測したラベルを予測確率y_pred_probから計算
```

Chapter 6

```
            y_pred_labels = torch.round(torch.sigmoid(y_pred_prob))
            # ミニバッチごとに正解したラベル数をカウント
            test_accuracy += torch.sum(y_pred_labels == labels).item() / 
len(labels)
    # エポックごとの損失と正解率を計算(ミニバッチの平均の損失と正解率を計算)
    epoch_test_loss = test_loss / len(test_batch)
    epoch_test_accuracy = test_accuracy / len(test_batch)
    # ---------評価パートはここまで--------- #

    # エポックごとに損失と正解率を表示
    print("Train_Loss: {:.4f}, Train_Accuracy: {:.4f}".format(
        epoch_train_loss, epoch_train_accuracy))
    print("Test_Loss: {:.4f}, Test_Accuracy: {:.4f}".format(
        epoch_test_loss, epoch_test_accuracy))

    # 損失と正解率をリスト化して保存
    train_loss_list.append(epoch_train_loss)          # 学習損失
    train_accuracy_list.append(epoch_train_accuracy)  # 学習正答率
    test_loss_list.append(epoch_test_loss)            # テスト損失
    test_accuracy_list.append(epoch_test_accuracy)    # テスト正答率
```

Out:

```
-------------------------------------------
Epoch: 1/10
 99%|██████████████| 397732/400000 [00:30<00:00, 24153.37it/s]Train_Loss: 
0.6797, Train_Accuracy: 0.6270
Test_Loss: 0.5720, Test_Accuracy: 0.7324
-------------------------------------------
Epoch: 2/10
Train_Loss: 0.5982, Train_Accuracy: 0.7816
Test_Loss: 0.4385, Test_Accuracy: 0.7962
-------------------------------------------
Epoch: 3/10
Train_Loss: 0.4922, Train_Accuracy: 0.8375
Test_Loss: 0.3925, Test_Accuracy: 0.8407
-------------------------------------------
...
-------------------------------------------
Epoch: 10/10
Train_Loss: 0.2199, Train_Accuracy: 0.9285
Test_Loss: 0.4918, Test_Accuracy: 0.8943
```

4.7 結果の可視化

学習を終えたら、学習回数ごとの損失および感情分析の正答率を確認しましょう。

結果を図示するには、次のコマンドを実行します。fastTextの学習にかかった時間は前節よりもはるかに短いのにも関わらず、精度は同等の約90%でした（図6-13）。このように、複雑なニューラルネットワーク構造を追い求めるだけでなく、いかに精度を向上させるのかといったことを考え、工夫することも大切です。

In:

```
# 損失
plt.figure()
plt.title('Train and Test Loss')  # タイトル
plt.xlabel('Epoch')               # 横軸名
plt.ylabel('Loss')                # 縦軸名
plt.plot(range(1, epoch+1), train_loss_list, color='blue',
         linestyle='-', label='Train_Loss')  # Train_lossのプロット
plt.plot(range(1, epoch+1), test_loss_list, color='red',
         linestyle='--', label='Test_Loss')  # Test_lossのプロット
plt.legend()  # 凡例

# 正解率
plt.figure()
plt.title('Train and Test Accuracy')  # タイトル
plt.xlabel('Epoch')                   # 横軸名
plt.ylabel('Accuracy')                # 縦軸名
plt.plot(range(1, epoch+1), train_accuracy_list, color='blue',
         linestyle='-', label='Train_Accuracy')  # Train_lossのプロット
plt.plot(range(1, epoch+1), test_accuracy_list, color='red',
         linestyle='--', label='Test_Accuracy')  # Test_lossのプロット
plt.legend()

# 表示
plt.show()
```

Chapter 6

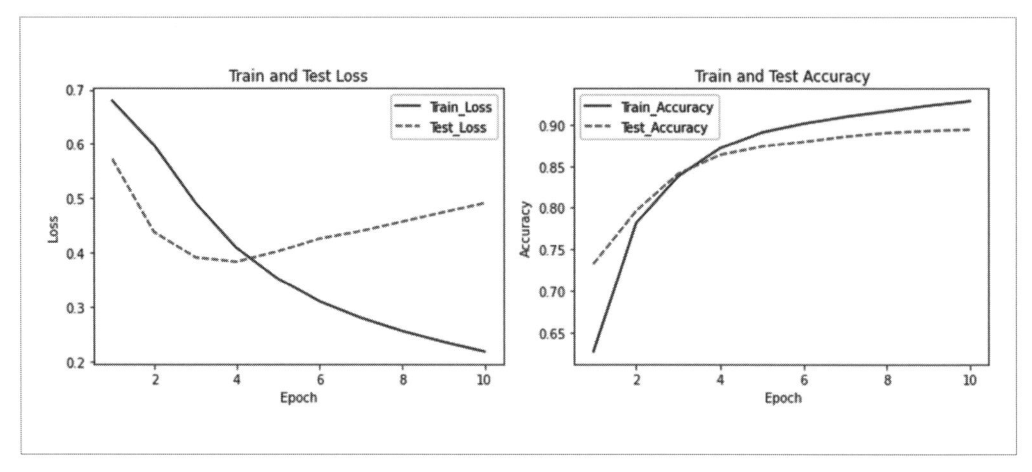

図6-13 **エポックごとの損失と正解率の変化**

4.8 新しいレビューに対する感情分析

では次に、学習済みのfastTextを使って、感情分析ができるのかを実際に確認してみましょう。

新たなレビューとして、前節と同様に新しい映画レビューを入力して、ポジティブかネガティブなレビューかを予測します。新たな映画レビューから感情分析を実行するための関数predict_sentimentを次のように定義します。

In:

```
nlp = spacy.load('en')

def predict_sentiment(net, sentence):
    net.eval()  # 評価モードに設定
    # 文をトークン化して、リストに分割
    tokenized = [tok.text for tok in nlp.tokenizer(sentence)]
    # トークンにインデックスを付与
    indexed = [all_texts.vocab.stoi[t] for t in tokenized]
    tensor = torch.LongTensor(indexed).to(device)  # インデックスをTensorに変換
    tensor = tensor.unsqueeze(1)                   # バッチの次元を追加
    prediction = torch.sigmoid(net(tensor))        # シグモイド関数で0から1の出力に
    return prediction
```

感情分析を実行するための関数が定義できたら、実際に感情分析をします。

ネガティブなレビューとして「This film is terrible（この映画はひどい）」を入力すると、次のような結果になります。この例だと、ポジティブである確率は0%であり、判定結果がネガティブ（予測ラベル：0）であったことが分かります。

In:

```
# ネガティブなレビューを入力して、感情分析
y_pred_prob = predict_sentiment(net, "This film is terrible")
y_pred_label = torch.round(y_pred_prob)
print("Probability: {:.4f}".format(y_pred_prob.item()))
print("Pred Label: {:.0f}".format(y_pred_label.item()))
```

Out:

```
Probability: 0.0000
Pred Label: 0
```

次に、ポジティブなレビュー「This film is great（この映画はすばらしい）」を入力すると、ポジティブである確率が100%で、判定結果がポジティブ（予測ラベル：1）と、正確に判定することができました。

In:

```
# ポジティブなレビューを入力して、感情分析
y_pred_prob = predict_sentiment(net, "This film is great")
y_pred_label = torch.round(y_pred_prob)
print("Probability: {:.4f}".format(y_pred_prob.item()))
print("Pred Label: {:.0f}".format(y_pred_label.item()))
```

Out:

```
Probability: 1.0000
Pred Label: 1
```


5 CNNを用いた感情分析【サンプルコード】

ここまで、LSTMとfastTextを用いた感情分析を実装して、約90%近くの精度を達成することができました。本節ではさらに、畳み込みニューラルネットワーク（CNN）を用いた感情分析

について解説します。

学習目標

- **CNNを用いた感情分析方法**
- **文章データに対する畳み込み**
- **感情分析をするCNNの実装方法**

使用ファイル

- **Section6-5.ipynb**

これまで、CNNは画像認識の分野で使用されてきましたが、近年ではテキストデータにも適用するようになってきました。たとえば、畳み込み層の3×3のフィルタが画像を畳み込んで新たな特徴量マップを作るように、テキストデータに対して1×2のフィルタを用いて畳み込むことで、テキスト内の連続した2つの単語の特徴量を得ることができます。前節のfastTextを用いた感情分析ではbi-gramを使って単語を分割していましたが、本節ではCNNを用いて、フィルタサイズを1×2として2つの単語に分けたり、フィルタサイズを1×3として3つの単語に分けたりします。これらのテキスト処理によって、感情分析をする上でよい特徴量を取り出すことができます。

5.1 前準備(パッケージのインポート)

これまでと同様に、感情分析をするための必要なパッケージをインポートします。
必要なパッケージは、次のとおりです。

In:

```
# 必要なパッケージのインポート
import numpy as np
import spacy
import matplotlib.pyplot as plt
import torch
from torchtext import data
from torchtext import datasets
from torch import nn
import torch.nn.functional as F
from torch import optim
```

5.2 訓練データとテストデータの用意

学習の前準備として、訓練データとテストデータを用意します。これまでと同様にデータセットを作成していきますが、fastTextの時とは違って、bi-gramによるテキストの分割をする必要はありません。代わりに、CNNがテキストの分割を担うことになります。一方、畳み込み層に入力する次元の順番は、バッチサイズが最初に来る必要があるため、テキストFieldで `batch_first = True` を引数として渡します。

In:

```
# Text, Label Fieldの定義
all_texts = data.Field(tokenize = 'spacy', batch_first = True)
all_labels = data.LabelField(dtype = torch.float)
```

IMDbからテキストデータを読み込むには、次のコマンドを実行します。

In:

```
# データの取得
train_dataset, test_dataset = datasets.IMDB.splits(all_texts, all_labels)

print("train_dataset size: {}".format(len(train_dataset)))  # 訓練データのサイズ
print("test_dataset size: {}".format(len(test_dataset)))    # テストデータのサイズ
print(vars(train_dataset.examples[0]))                      # 訓練データの中身の確認
```

Out:

```
train_dataset size: 25000
test_dataset size: 25000
{'text': ['There', 'is', 'great', 'detail', 'in', 'A', 'Bug', "'s", 'Life', '.',
'Everything', 'is', 'covered', '.', 'The', 'film', 'looks', 'great', 'and',
'the', 'animation', 'is', 'sometimes', 'jaw', '-', 'dropping', '.', 'The',
'film', 'is', "n't", 'too', 'terribly', 'orignal', ',', 'it', "'s", 'basically',
'a', 'modern', 'take', 'on', 'Kurosawa', "'s", 'Seven', 'Samurai', ',', 'only',
'with', 'bugs', '.', 'I', 'enjoyed', 'the', 'character', 'interaction',
'however', 'and', 'the', 'bad', 'guys', 'in', 'this', 'film', 'actually',
'seemed', 'bad', '.', 'It', 'seems', 'that', 'Disney', 'usually', 'makes',
'their', 'bad', 'guys', 'carbon', 'copy', 'cut', '-', 'outs', '.', 'The',
'grasshoppers', 'are', 'menacing', 'and', 'Hopper', ',', 'the', 'lead', 'bad',
'guy', ',', 'was', 'a', 'brillant', 'creation', '.', 'Check', 'this', 'one',
'out', '.'], 'label': 'pos'}
```

次に単語帳を生成し、学習済みの単語埋め込みを読み込みます。

In:

```
# Vocabularyの作成
max_vocab_size = 25_000

all_texts.build_vocab(train_dataset,
                      max_size = max_vocab_size,
                      vectors = 'glove.6B.100d',        # 学習済み単語埋め込みベクトル
                      unk_init = torch.Tensor.normal_)  # ランダムに初期化
all_labels.build_vocab(train_dataset)

print("Unique tokens in all_texts vocabulary: {}".format(len(all_texts.vocab)))
print("Unique tokens in all_labels vocabulary: {}".format(len(all_labels.
vocab)))
```

Out:

```
Unique tokens in all_texts vocabulary: 25002
Unique tokens in all_labels vocabulary: 2
```

出現頻度の高い上位20位の単語、テキストおよびラベルの状態を確認するには、次のコマンドを実行します。

In:

```
# 上位20位の単語
print(all_texts.vocab.freqs.most_common(20))

# テキストはID化されているがテキストに変換することもできる
print(all_texts.vocab.itos[:10])

# labelの0と1がネガティブとポジティブどちらかを確認できる
print(all_labels.vocab.stoi)
```

Out:

```
[('the', 289838), (',', 275296), ('.', 236843), ('and', 156483), ('a', 156282),
('of', 144055), ('to', 133886), ('is', 109095), ('in', 87676), ('I', 77546),
('it', 76545), ('that', 70355), ('"', 63329), ("'s", 61928), ('this', 60483),
('-', 52863), ('/><br', 50935), ('was', 50013), ('as', 43508), ('with', 42807)]
['<unk>', '<pad>', 'the', ',', '.', 'and', 'a', 'of', 'to', 'is']
defaultdict(<function _default_unk_index at 0x7fbc15a6ef28>, {'neg': 0, 'pos':
1})
```

最後に、ミニバッチを作成するためにイテレータを作成します。

In:

```
# ミニバッチの作成
batch_size = 64
# CPUとGPUのどちらを使うかを指定
device = torch.device('cuda' if torch.cuda.is_available() else 'cpu')
# デバイスの確認
print("Device: {}".format(device))

train_batch, test_batch = data.BucketIterator.splits(
    (train_dataset, test_dataset),  # データセット
    batch_size = batch_size,        # バッチサイズ
    device = device)                # CPUかGPUかを指定

for batch in train_batch:
  print("text size: {}".format(batch.text[0].size()))     # テキストデータのサイズ
  print("squence size: {}".format(batch.text[1].size())) # シーケンス長のサイズ
  print("label size: {}".format(batch.label.size()))     # ラベルデータのサイズ
  break
```

Out:

```
Device: cuda
text size: torch.Size([962])
squence size: torch.Size([962])
label size: torch.Size([64])
```

Chapter 6

5.3 ニューラルネットワークの定義

次に、感情分析をするためのCNNの定義をします。

CNNの畳み込みは2次元の画像データに対して適用しますが、テキストデータは通常1次元データのため、このままでは畳み込みを実行することができません。ニューラルネットワークには最初の層にも単語埋め込み層があり、そこでテキストデータは単語の埋め込みに変換されます。この際、単語は2次元のベクトルデータに変換されるため、このベクトルデータをあたかも画像データかのように畳み込みを実行することができます（図6-14）。

次に、フィルタサイズが［文の長さ×埋め込み層の次元］のフィルタを使って、テキストベクトルの畳み込みをします。ここでは、文の長さが4で埋め込み層の次元が5次元であるテキストデータを考えます。一度に2つの単語を畳み込むようにフィルタサイズを［2×5］に設定します。この時、フィルタの重みとテキストベクトルの積を計算し、それらを総和したものが出力されます。

一度、畳み込みが終了したらフィルタを移動させ、次の2単語に対して畳み込み計算をします。この処理を繰り返して、テキストベクトルすべてがカバーされるように畳み込みを実行します。

フィルタの幅が単語埋め込み次元と同じである場合、畳み込みの出力要素数は、文章の長さからフィルタの高さを差し引き、1を足した数になります。ここでは、文章の長さ4－フィルタの高さ2＋1＝3という要素数になります。この例では、1つのフィルタの出力を利用する方法を示しています。しかし、CNNのフィルタにはチャネル数に応じて様々なものが存在し、各フィルタが畳み込みで抽出を行い、異なる特徴量を学習することができます。図6-14の例では、フィルタ形状が［2×埋め込み次元］でしたが、フィルタの持つ重みがそれぞれ異なるため、フィルタごとにそれぞれ異なるテキストの特徴量を抽出することができます。ここでは、フィルタの高さとして3、4、5の3種類を適応し、それぞれに対して100個のフィルタを用意します。

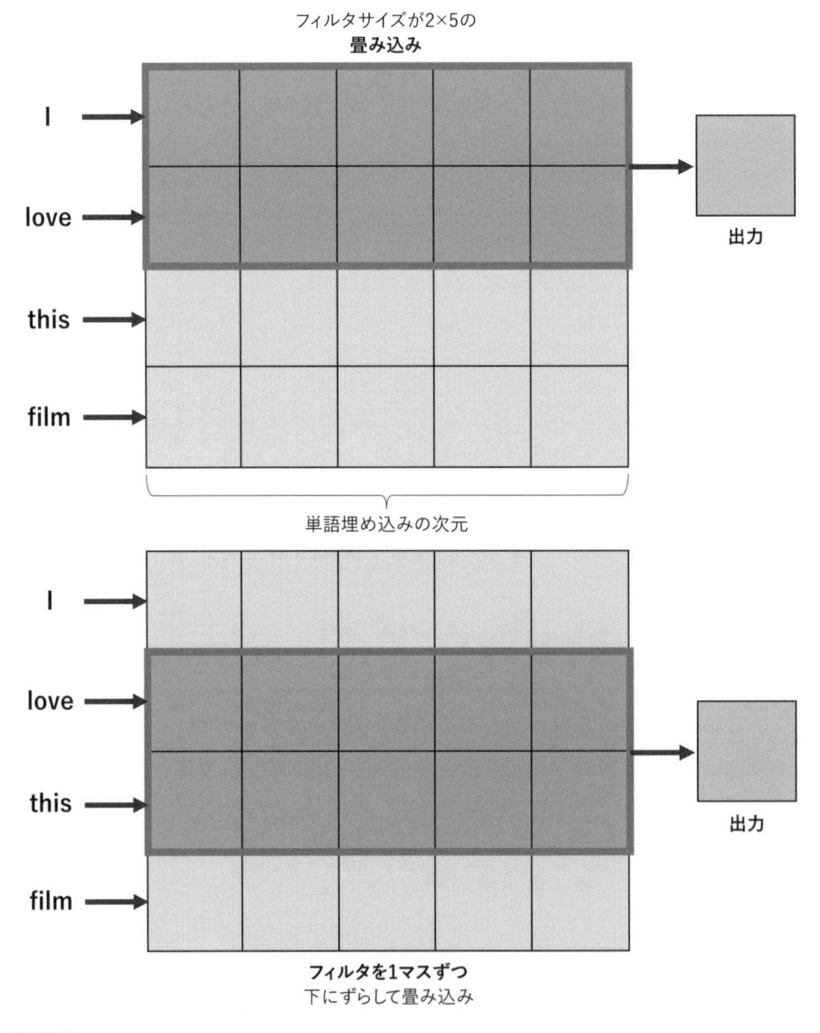

図6-14 テキストデータの畳み込み

テキストデータに対する畳み込みの役割が理解できたら、次にプーリング（maxプーリング）を使用します。fastTextでは、averageプーリング層を用いて各テキストベクトルの平均値を取得していました。一方、本節のようにCNNを用いる場合には、画像分類の時と同様に、畳み込み層で得られた特徴量をmaxプーリング層に入力し、その最大値を取得します。図6-15の例では、畳み込み層の出力（0.6, 0.2, 0.8）から最大値（0.8）を取得しています。

これから定義するCNNには、3つの異なるサイズのフィルタが100個あるため、CNNが重要と考える300個のn-gramがあることを意味します。これらを1つのベクトルに連結し、全結合層に入力して感情分析を行います。

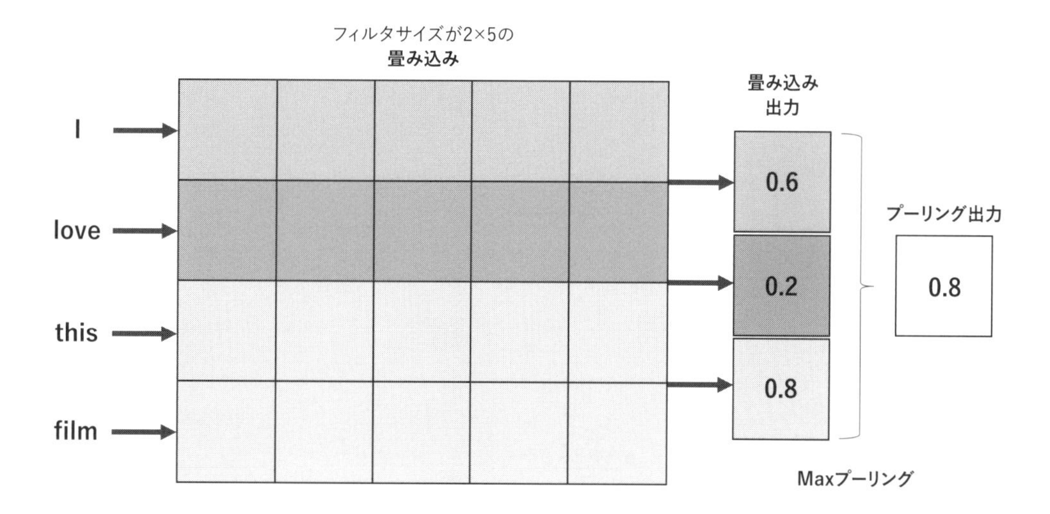

図6-15 **テキストデータのプーリング**

以上のようなテキストデータを畳み込むCNNを定義するには、次のコードを実行します。

テキストデータの畳み込みには`nn.Conv2d`を使用します。`nn.Conv2d`の引数である`in_channels`は、畳み込み層に入力されるチャネル数です。カラー画像の場合、赤・青・緑の3つのチャネルがありますが、テキストデータの場合は1つのチャネルしかありません。また、`out_channels`はフィルタの数で、`kernel_sizes`はフィルタのサイズです。

PyTorchにおけるLSTMはバッチの次元を2番目にする必要がありますが、CNNのバッチの次元は最初に配置する必要があります。この処理は、テキストのField`all_texts`を設定する際に`batch_first = True`とすでに設定されているため、ここで新たにデータの次元を並べ替える必要はありません。テキストデータが埋め込み層に入力されることで、2次元の単語の埋め込みを取得します。

次に、その埋め込みを畳み込み層に入力します。テキストデータにはもともとチャネルの次元がないため、`unsqueeze`を用いてチャネルの次元を追加します。

畳み込み層で畳み込みをしたあとは、活性化関数ReLUに通してから、Tensorをプーリング層に入力します。この時、畳み込み層の出力サイズは、畳み込み層の入力サイズに依存します。バッチごとにテキストの長さは異なるため、全結合層に入力する次元はバッチごとに変わってきてしまいます。そこで、プーリング層を用いることによって、全結合層に入力するTensorのサイズを揃えることができます。

最後に、フィルタサイズの異なるプーリング層で処理したTensorを1つに結合したあとに、ドロップアウトを実行して、全結合層に入力し、レビュー内容がネガティブかポジティブなものかを予測します。

In:

```
# ニューラルネットワークの定義
class Net(nn.Module):
    def __init__(self, D_in, D_embedding, n_kernels, kernel_size, D_out, dropout, 
pad_idx):
        super(Net, self).__init__()
        # 単語埋め込み層
        self.embedding = nn.Embedding(D_in, D_embedding, padding_idx = pad_idx)

        # 畳み込み層
        self.conv0 = nn.Conv2d(in_channels = 1,             # 入力チャネル数
                               out_channels = n_kernels,   # 出力チャネル数(フィルタの数)
                               # カーネルサイズ(フィルタサイズ)
                               kernel_size = (kernel_size[0], D_embedding))
        self.conv1 = nn.Conv2d(in_channels = 1,
                               out_channels = n_kernels,
                               kernel_size = (kernel_size[1], D_embedding))
        self.conv2 = nn.Conv2d(in_channels = 1,
                               out_channels = n_kernels,
                               kernel_size = (kernel_size[2], D_embedding))

        self.linear = nn.Linear(len(kernel_size) * n_kernels, D_out)  # 全結合層
        self.dropout = nn.Dropout(dropout)  # ドロップアウト層

    def forward(self, x):
        # 単語埋め込み
        embedded = self.embedding(x)       #text = [batch size, sent len], 
embedded = [batch size, sent len, emb dim]
        embedded = embedded.unsqueeze(1)  #embedded = [batch size, 1, sent len, 
emb dim]

```

```
        # 畳み込み
        conved0 = F.relu(self.conv0(embedded).squeeze(3))
        conved1 = F.relu(self.conv1(embedded).squeeze(3))
        conved2 = F.relu(self.conv2(embedded).squeeze(3))  #conved = [batch size, n_filters, sent len - filter_sizes[n] + 1]

        # プーリング
        pooled0 = F.max_pool1d(conved0, conved0.shape[2]).squeeze(2)
        pooled1 = F.max_pool1d(conved1, conved1.shape[2]).squeeze(2)
        pooled2 = F.max_pool1d(conved2, conved2.shape[2]).squeeze(2)  #pooled = [batch size, n_filters]

        # プーリング層の出力を結合してドロップアウト層に入力
        cat = self.dropout(torch.cat((pooled0, pooled1, pooled2), dim =-1))
        # 全結合層
        output = self.linear(cat)  #cat = [batch size, n_filters * len(filter_sizes)]
        return output
```

ニューラルネットワークの設計ができたら、ハイパーパラメータを次のように設定し、ニューラルネットワークを読み込みます。

In:

```
# ニューラルネットワークのロード
D_in = len(all_texts.vocab)  # 入力層の次元
D_embedding = 100            # 単語埋め込み層の次元
n_kernels = 100              # フィルタの数
kernel_size = [3, 4, 5]      # カーネルサイズ(フィルタサイズ)
D_out = 1                    # 出力層の次元
dropout = 0.5                # ドロップアウトの確率
pad_idx = all_texts.vocab.stoi[all_texts.pad_token]  # <pad>トークンのインデックス

net = Net(D_in,
          D_embedding,
          n_kernels,
          kernel_size,
          D_out,
          dropout,
          pad_idx).to(device)
print(net)
```

Chapter 6

Out:

```
Net(
  (embedding): Embedding(25002, 100, padding_idx=1)
  (conv0): Conv2d(1, 100, kernel_size=(3, 100), stride=(1, 1))
  (conv1): Conv2d(1, 100, kernel_size=(4, 100), stride=(1, 1))
  (conv2): Conv2d(1, 100, kernel_size=(5, 100), stride=(1, 1))
  (linear): Linear(in_features=300, out_features=1, bias=True)
  (dropout): Dropout(p=0.5, inplace=False)
)
```

次に、学習済みの単語埋め込みを読み込みます。

In:

```
# 学習済みの埋め込みを読み込み
pretrained_embeddings = all_texts.vocab.vectors
print(pretrained_embeddings.shape)
```

Out:

```
torch.Size([25002, 100])
```

学習済みの単語埋め込みを読み込めたら、ニューラルネットワークの埋め込み層の重みを、学習済みの単語埋め込みに置き換えます。

In:

```
# 埋め込み層の重みを学習済みの埋め込みに置き換え
net.embedding.weight.data.copy_(pretrained_embeddings)
```

Out:

```
tensor([[-1.9052,  0.7877, -1.1334,  ...,  0.6563,  0.9350,  0.0020],
        [-0.1459, -0.3693,  0.4533,  ..., -0.7389, -0.9433, -0.0163],
        [-0.0382, -0.2449,  0.7281,  ..., -0.1459,  0.8278,  0.2706],
        ...,
        [ 1.2805, -0.2297,  0.2668,  ..., -0.1469,  1.4328,  0.0323],
        [ 0.6127, -0.8021,  0.8675,  ...,  0.3333, -0.3998,  0.5386],
        [ 0.2996,  0.5626,  0.3728,  ..., -1.4322, -1.8758, -0.9653]],
       device='cuda:0')
```

最後に、<unk_idx>と<pad_idx>トークンのTensorをゼロで初期化します。

In:

```
# 不明なトークン<unk>のインデックス取得
unk_idx = all_texts.vocab.stoi[all_texts.unk_token]

# <unk_idx>と<pad_idx>トークンのTensorをゼロで初期化
net.embedding.weight.data[unk_idx] = torch.zeros(D_embedding)
net.embedding.weight.data[pad_idx] = torch.zeros(D_embedding)

print(net.embedding.weight.data)
```

Out:

```
tensor([[ 0.0000,  0.0000,  0.0000,  ...,  0.0000,  0.0000,  0.0000],
        [ 0.0000,  0.0000,  0.0000,  ...,  0.0000,  0.0000,  0.0000],
        [-0.0382, -0.2449,  0.7281,  ..., -0.1459,  0.8278,  0.2706],
        ...,
        [ 1.2805, -0.2297,  0.2668,  ..., -0.1469,  1.4328,  0.0323],
        [ 0.6127, -0.8021,  0.8675,  ...,  0.3333, -0.3998,  0.5386],
        [ 0.2996,  0.5626,  0.3728,  ..., -1.4322, -1.8758, -0.9653]],
       device='cuda:0')
```

5.4 損失関数と最適化関数の定義

最後に、これまでの節と同様に、損失関数と最適化関数を定義します。
ここの部分はこれまでのコードと同じです。

In:

```
# 損失関数の定義
criterion = nn.BCEWithLogitsLoss()

# 最適化関数の定義
optimizer = optim.Adam(net.parameters())
```

5.5 学習

ここまでは、ニューラルネットワークの学習のための設定をしてきました。ここからは、ニューラルネットワークの学習を実行します。

In:

```
# 損失と正解率を保存するリスト を作成
train_loss_list = []        # 学習損失
train_accuracy_list = []  # 学習データの正答率
test_loss_list = []         # 評価損失
test_accuracy_list = []   # テストデータの正答率

# 学習(エポック)の実行
epoch = 10
for i in range(epoch):
    # エポックの進行状況を表示
    print('---------------------------------------------')
    print("Epoch: {}/{}".format(i+1, epoch))

    # 損失と正解率の初期化
    train_loss = 0       # 学習損失
    train_accuracy = 0  # 学習データの正答数
    test_loss = 0        # 評価損失
    test_accuracy = 0   # テストデータの正答数

    # ---------学習パート--------- #
    # ニューラルネットワークを学習モードに設定
    net.train()
    # ミニバッチごとにデータをロードし学習
    for batch in train_batch:
        # GPUにTensorを転送
        texts = batch.text
        labels = batch.label

        # 勾配を初期化
        optimizer.zero_grad()
        # データを入力して予測値を計算(順伝播)
        y_pred_prob = net(texts).squeeze(1)
        # 損失(誤差)を計算
        loss = criterion(y_pred_prob, labels)
        # 勾配の計算(逆伝搬)
        loss.backward()
```

```
        # パラメータ(重み)の更新
        optimizer.step()

        # ミニバッチごとの損失を蓄積
        train_loss += loss.item()

        # 予測したラベルを予測確率y_pred_probから計算
        y_pred_labels = torch.round(torch.sigmoid(y_pred_prob))
        # ミニバッチごとに正解したラベル数をカウント
        train_accuracy += torch.sum(y_pred_labels == labels).item() / len(labels)

    # エポックごとの損失と正解率を計算(ミニバッチの平均の損失と正解率を計算)
    epoch_train_loss = train_loss / len(train_batch)
    epoch_train_accuracy = train_accuracy / len(train_batch)
    # ---------学習パートはここまで--------- #

    # ---------評価パート--------- #
    # ニューラルネットワークを評価モードに設定
    net.eval()
    # 評価時の計算で自動微分機能をオフにする
    with torch.no_grad():
        for batch in test_batch:
            # GPUにTensorを転送
            texts = batch.text
            labels = batch.label
            # データを入力して予測値を計算(順伝播)
            y_pred_prob = net(texts).squeeze(1)
            # 損失(誤差)を計算
            loss = criterion(y_pred_prob, labels)
            # ミニバッチごとの損失を蓄積
            test_loss += loss.item()

            # 予測したラベルを予測確率y_pred_probから計算
            y_pred_labels = torch.round(torch.sigmoid(y_pred_prob))
            # ミニバッチごとに正解したラベル数をカウント
            test_accuracy += torch.sum(y_pred_labels == labels).item() /
len(labels)
    # エポックごとの損失と正解率を計算(ミニバッチの平均の損失と正解率を計算)
    epoch_test_loss = test_loss / len(test_batch)
```

Chapter 6

```
    epoch_test_accuracy = test_accuracy / len(test_batch)
    # ---------評価パートはここまで--------- #

    # エポックごとに損失と正解率を表示
    print("Train_Loss: {:.4f}, Train_Accuracy: {:.4f}".format(
        epoch_train_loss, epoch_train_accuracy))
    print("Test_Loss: {:.4f}, Test_Accuracy: {:.4f}".format(
        epoch_test_loss, epoch_test_accuracy))

    # 損失と正解率をリスト化して保存
    train_loss_list.append(epoch_train_loss)            # 学習損失
    train_accuracy_list.append(epoch_train_accuracy)  # 学習正解率
    test_loss_list.append(epoch_test_loss)              # テスト損失
    test_accuracy_list.append(epoch_test_accuracy)     # テスト正解率
```

Out:

```
--------------------------------------------
Epoch: 1/10
100%|██████████████| 398077/400000 [00:30<00:00, 24931.91it/s]Train_Loss: 0.0094, Train_Accuracy: 0.6637
Test_Loss: 0.0067, Test_Accuracy: 0.8026
--------------------------------------------
Epoch: 2/10
Train_Loss: 0.0056, Train_Accuracy: 0.8456
Test_Loss: 0.0051, Test_Accuracy: 0.8583
--------------------------------------------
Epoch: 3/10
Train_Loss: 0.0040, Train_Accuracy: 0.8964
Test_Loss: 0.0050, Test_Accuracy: 0.8643
--------------------------------------------
...
--------------------------------------------
Epoch: 10/10
Train_Loss: 0.0004, Train_Accuracy: 0.9904
Test_Loss: 0.0089, Test_Accuracy: 0.8588
```

5.6 結果の可視化

CNNの学習が終わったら、訓練データとテストデータに対する損失や正答率を図示します。感情分析の精度は約85%でした（図6-16）。

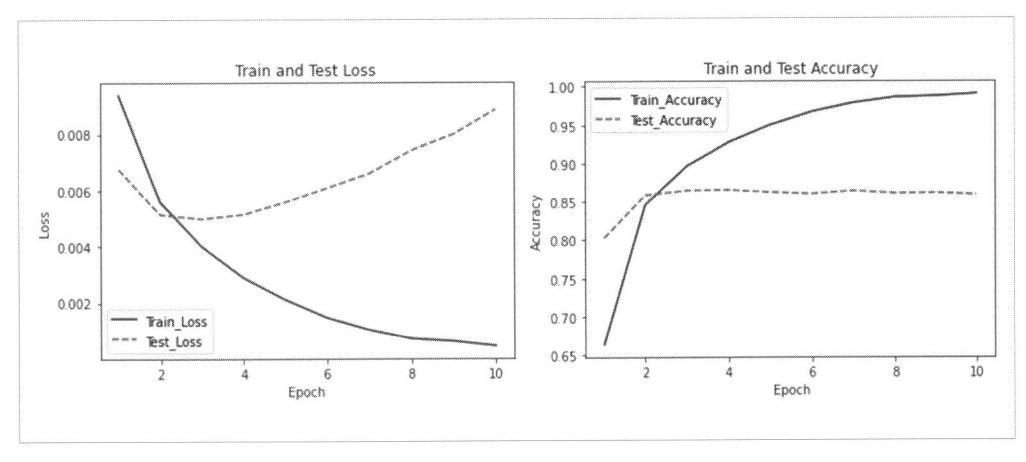

図6-16 **エポックごとの損失と正解率の変化**

5.7 新しいレビューに対する感情分析

最後に、新たな映画のレビューを学習済みのCNNに入力して感情分析をしてみます。

これまでと同様に、新たな映画レビューから感情分析を実行するための関数predict_sentimentを次のように定義します。ただし、入力する文章の長さをフィルタサイズ以上にする必要があります。今回の場合、最大のフィルタサイズは5ですので、最小の文章の長さが5より短い場合は、パディングトークン<pad>を追加します。

In:

```
nlp = spacy.load('en')

def predict_sentiment(net, sentence, min_len = 5):
    net.eval()  # 評価モードに設定
    # 文をトークン化して、リストに分割
    tokenized = [tok.text for tok in nlp.tokenizer(sentence)]
    if len(tokenized) < min_len:
```

Chapter 6

```
        tokenized += ['<pad>'] * (min_len - len(tokenized))
    # トークンにインデックスを付与
    indexed = [all_texts.vocab.stoi[t] for t in tokenized]
    tensor = torch.LongTensor(indexed).to(device)
    # バッチの次元を追加。バッチの次元は1番目になるように設定
    tensor = tensor.unsqueeze(0)
    prediction = torch.sigmoid(net(tensor))  # シグモイド関数で0から1の出力に
    return prediction
```

感情分析を実行するための関数が定義できたら、実際に感情分析をします。

ネガティブなレビューとして「This film is terrible（この映画はひどい）」を入力すると、ポジティブである確率は3.78%で、判定結果がネガティブ（予測ラベル：0）でした。

In:

```
# ネガティブなレビューを入力して、感情分析
y_pred_prob = predict_sentiment(net, "This film is terrible")
y_pred_label = torch.round(y_pred_prob)
print("Probability: {:.4f}".format(y_pred_prob.item()))
print("Pred Label: {:.0f}".format(y_pred_label.item()))
```

Out:

```
Probability: 0.0378
Pred Label: 0
```

次に、ポジティブなレビュー「This film is great（この映画はすばらしい）」を入力すると、ポジティブである確率が99.1%で、判定結果がポジティブ（予測ラベル：1）と正確に判定することができました。

In:

```
# ポジティブなレビューを入力して、感情分析
y_pred_prob = predict_sentiment(net, "This film is great")
y_pred_label = torch.round(y_pred_prob)
print("Probability: {:.4f}".format(y_pred_prob.item()))
print("Pred Label: {:.0f}".format(y_pred_label.item()))
```

Out:

```
Probability: 0.9910
Pred Label: 1
```

Chapter 6 まとめ

再帰型ニューラルネットワーク（テキストデータの分類）
～映画レビューの感情分析プログラムを作る～

☑ この章では、以下のことを学びました。

1 ディープラーニングを用いた感情分析

☐ ディープラーニングによる感情分析の概要を学びました。

2 感情分析の基本【サンプルコード】

☐ LSTMを用いた映画レビュー感情分析の基本を学びました。

3 感情分析の応用【サンプルコード】

☐ 文章の前処理やLSTM構造を工夫して、感情分析の精度を高める方法を学びました。

4 感情分析の高速化【サンプルコード】

☐ ニューラルネットワークの構造を単純化したfastTextを用いて、感情分析を高速化する方法を学びました。

5 CNNを用いた感情分析【サンプルコード】

☐ 畳み込みニューラルネットワーク（CNN）を用いた感情分析を学びました。

■ index

●さ行

●た行

●な行

●は行

●ま行

●や・ら行

〈著者略歴〉
斎藤勇哉（さいとう　ゆうや）
順天堂大学医学部 大学院医学研究科 放射線診断学講座 研究補助員
首都大学東京大学院 人間健康科学研究科 放射線科学域 卒
JDLA Deep Learning for GENERAL 2020 #2 合格者
日本磁気共鳴医学会、国際磁気共鳴医学会 ISMRM 会員
脳 MRI 画像解析が専門であり、テーマは速読時の脳神経活動や脳神経変性疾患の機序解明。
医療用人工知能の開発・研究にも力を入れており毎年、国内外の学会で研究成果を発表。
ロンドン大学やメルボルン大学と共同研究をしており、現在論文を執筆中。
医療分野に関わらず、自然言語処理・スクレイピング・データ分析・Web アプリ開発を得意とし、企業や他大学の研究を支援。
目標は、新たなものを生み出し、生活を豊かにするだけでなく、他者の感動・情熱を引き出すこと。
主な使用言語は、Python、Shell Script、MATLAB、HTML、CSS

編集：ツークンフト・ワークス
扉イラスト：髙城琢郎
本文デザイン：田中聖子（MdN Design）

動かしながら学ぶ PyTorch プログラミング入門

2020 年 11 月 19 日　　第 1 版第 1 刷発行

著　者　斎藤勇哉
発行者　村上和夫
発行所　株式会社 オーム社
郵便番号　101-8460
東京都千代田区神田錦町 3-1
電話　03(3233)0641(代表)
URL https://www.ohmsha.co.jp/

印刷・製本　三美印刷
ISBN978-4-274-22640-3　Printed in Japan